KB202099

불완전한 그대로 온전하게

불완전한 그대로 온전하게

고쳐야 할 것은 장애가 아니라 세상이다

애슐리 슈 지음 | 정현창 옮김

초사흘달

일러두기

1.본문에 * 기호로 표시한 각주는 옮긴이 주이며, 번호로 표시한 미주는 저자 원주입니다.
2.원서에서 이탤릭체로 강조한 부분을 이 책에는 굵은 글자꼴로 표시했습니다.
3.외래어 표기는 국립국어원 원칙을 따르되, 경우에 따라 관행화된 표현을 쓰기도 했습니다.

장애가 있는 모든 것, 모든 사람,
특히 버지니아공과대학교 장애인연합&위원회와
뉴리버밸리 장애인지원센터의
불구 공동체에 바친다.

차례

1장
장애가 있는
모든 것

첨단 기술로 사람 몸을 고칠 수 있다는 약속과 찬사에서
우리는 '장애는 잘못된 상태이고 장애인은 고쳐져야만
가치 있다'는 사고방식을 본다.

바람직한 장애인 회고록이나 불구 이야기라면 이렇게 시작할 거라고, 대중이 기대하는 방식으로 시작해 보자. 내가 처음부터 끔찍하게 태어났다거나 또는 정의를 위해 용맹하게 싸우다 크게 다쳤다거나 하는, 그런 이야기 말이다. 그 이야기 속 나는 괴물 같은 기형monstrous(의료 역사에서 실제로 쓰인 용어다)으로 태어나 젖먹이 때부터 희박한 가능성과 싸워야 했다. 결말은 의기양양하게 지을 수도 있겠다. 이야기 속의 내가…… 계속 살아남아 책을 쓰고 있는 거니까. 아무튼 그 이야기는 내가 그런 모습으로 태어났거나, 그게 아니면 이 냉혹한 세상에 맞서 마음을 단단히 먹도록 만드는 별난 사고를 당하는 것으로 시작하거나, 그것도 아니면 뭔가 끝내주는 전쟁 이야기면 더

　　　　　　　　　　　1장 장애가 있는 모든 것

좋을 것이다. 나의 영웅적인 행동과 희생, 형제자매들과 나눈 맹세, 그들의 죽음이 헛되지 않도록 내 몸으로 자유의 대가를 치르며 살아가는 것. 그런 다음 어떻게 사는 게 **참되게** 사는 것인지(웃는 법과 사랑하는 법까지도) 신체 건강한 사람들에게 보여 줄 수도 있을 것이다.

흠, 이런 이야기를 진짜로 좋게 받아들여서, 이야기들을 뒤섞어 좀 더 재기 발랄하게 만들어 볼까. 나는 태어날 때부터 장애가 있었고, 그런 내가 살아남으리라 기대한 사람은 아무도 없었다. 하지만 나는 군에 입대할 수 있는 나이까지 자라서, 검을 휘두르며 여러분의 자유를 지키기 위해 싸우는 것이다! 너무나 젊고, 너무나 영웅적이며, 너무나 장애인적이다. 칼을 휘두르는 나의 뒤틀린 몸 위로 "당신의 변명은 무엇입니까?"라는 문구가 겹쳐진 이미지를 밈meme으로 만드는 사람도 있을 것이다. 국방고등연구계획국이 개발한 최첨단 장애 기술에 힘입어 완전 훌륭한 특수 인간 병기가 된 내가, 기술의 힘으로 시민의 적과 장애를 쳐부수는 인상적인 메시지를 담은 그런 밈. 아니, 어쩌면 그냥 내가 젊은 나이에 죽어서 **여러분이** 내 이야기를 쓸 수도 있겠다. 어느 쪽이든 내가 정상성normalcy으로 여러분에게 실망을 안기고 내 영웅적인 이름을 더럽히는 일은 없을 것이다. 여러분은 나에게서 얼마나 많은 교훈을 얻었는지, 내가 어떻게 속세의 감옥(여러분이 장애가 있는 내 몸과 마음을 지칭하는 그 감옥)을 초월했는지 감동스레 이야기할 수 있을 것이다. 나아가 여러분은 '온전한' 나를 다시 상상할 수도 있다(장애인으로 태어나 장애인의 방식으로 내 삶을 살고 있는데도, 마치 장애가 나를 망쳤다는 듯). 만약 나의 부모님을 이야기에 등장시킨다면, 그분들이 결함 있는 나를 사랑하는 법을 어떻게 배웠는지를 쓸 수도 있을 것이다. 물론 그분들은 내 존재에 관해 애통한 이야기를 나누어야만 할 것이다. 이런 것이 여러분이 원하는 장애인 드라마 아닌가?

여러분은 이런 이야기를 기대하거나 심지어 갈망할지 모르지만, 이 책에서 그런 이야기를 들을 일은 없을 것이다. 사람들은 장애인의 이야기라면 흔히 극적인 태생에 관해 먼저 듣고 싶어 한다. 이야기를 그런 식으로 시작하는 게 못마땅하다는 뜻은 아니다. 하지만 내가 좋아하는 사이보그 질리언 와이즈의 시를 한 번쯤 생각해 봤으면 좋겠다. 특히 나는 〈비장애인들의 요구〉라는 시에서, 장애를 가진 우리의 국민 시인 사이가 어느 비장애인 청중의 입을 빌려 말한 대목을 좋아한다. 사이는 시인이면서 퍼포먼스 예술가이기도 한데, 비장애인들은 우리의 친애하는 사이보그를 무대 위로 끌고 가서는 퍼포먼스나 시에 관해 묻는 게 아니라 사이가 어떻게 장애를 얻게 되었는지 묻는다.

당신이 앞에 나와 그걸 말하지 않는다면

사람들이 당신 작품을 읽을 거라는 기대는 하면 안 되지.

  사람들은 다른 이야기를 듣기 전에 그 이야기부터 들으려 하고, 얼마나 감동할지 가늠해 보려 한다. 이런 일은 반복해서 일어난다. 장애가 있는 전문직 종사자나 권위자들은 자신의 전문 지식을 제시하러 나온 자리에서도 계속 부적절하고 개인적인 질문을 받는다. 그들은 다른 작가, 과학자, 사회복지사, 교사 들과 동등한 대우를 받지 않는다. 때로 그들의 전문성이 개인사에 뿌리박고 있으며(누군들 그렇지 않겠는가?), 그들이 그 이야기를 기꺼이 하고자 한다면 문제없다. 하지만 장애인들은 자주 곁들이 구경거리로 취급된다. 행사에 호기심을 더하는 역할을 할 뿐, 다른 전문가만큼 진지하게 받아들여지지 않는다. 나는 자폐성autism이 있는 동료들이 이런 취급을 당하는 것을 흔히 본다. 심리학, 의학, 사회과학, 인간발달, 교육 분야에 **직업적** 전문성을 가진 내 동료들 말이다. 사람들은 자폐성이나 신경다양성neurodiversity에 관한 행사에 그들을 초청하면서도 다른 참석자와 동등하게 대우하지 않는다. 대등한 참석비를 받는 경우도 드물다(참석비를 조금이라도 받는다면 말이다).

  장애인들이 억지로 자기 이야기를 해야 하는 상황에 질색하기는 하지만, 나는 이야기를 좋아하는 사람이다. 이 책에도 내 이야기가 약간 들어 있다. 나는 그저 장애의 **원인**에 관한 이야기가 그다지 재미있지 않다고 생각한다. 내 경우는 확실히 그렇다. 물론 어떤 이야기는 분명 흥미로우니, 내 말을 오해하지 마시길. 내가 가입한 절단인amputee 그룹 중 하나에 곡물 이송기 사고로 다리가 찢겨 나간 사람이 있는데, 그는 구급차를 기다리는 동안에도 의식을 잃지 않았다. 덜 끝내주는 이야기를 가지고 우리 그룹에 오는 신출내기들에게 그 이야기는 언제나 충격적인 뉴스다. 나는 그가 정말로 즐거워하며 다른 절단인들과 자기 이야기를 나누는 순간을 사랑한다. 그는 이 순간을 위해 진지하게 예행연습도 했다.

중요한 사실은 공동체에 속한 사람끼리 이런 이야기를 공유하는 것은 성격이 다르다는 점이다. 이런 대화에서 얻는 교훈은 우리가 극복해 온 어떤 것들을 부정하거나 왜곡하지 않는다. 우리는 살아남았거나, 그런 식으로 태어났고, 우리 중에는 외상후스트레스장애PTSD가 있는 사람도 있다. 하지만 우리도 평범한 삶을 살아가고 일상적인 일을 한다. 우리는 아이들이 어떻게 적응했는지, 가족 구성원이 어떻게 반응했는지 서로서로 묻는다. 데이트나 직업적인 문제에 대한 위로의 말이 오간다. 우리에게 호전好轉이란 조금씩 더 적응하는 것인데, 그게 늘 일직선으로 단순하게만 진행되지는 않는다. 더 많은 수술을 받아야 하고, 고려해야 할 사정들이 있으며, 보험에 관해 고민

1장 장애가 있는 모든 것

하고, 장비 문제도 딸려 있다. 우리는 의족을 서로 비교하고 물리치료에 대한 의견을 나눈다. 우리가 여러 상황에 대처하는 법이나 데이트하는 법, 어떤 의족이 제일 좋은지에 대해 매번 합의에 이르는 것은 아니다. 상황은 깔끔히 정돈되거나 관리되지 않는다. 나는 단지 우리일 때가 좋다. 일반적인 장애 이야기와는 다르겠지만, 우리 이야기가 비장애인들의 기대에 맞추어 세공되지 않을 때가 좋다.

이 책의 내용은 장애인들이 하는 이야기이자, 비장애인들은 대체로 관심을 두지 않는 이야기다. 나는 여러 가지 보조기술을 사용하는 장애인이다. 그렇다고 기술에 관한 내 생각이 이 책의 전부는 아니다. 나의 장애를 겨냥해 시중에 나온 장비를 모두 쓰는 것도 아니고(지금 쓰고 있는 것만으로도 벅차다), 내가 모든 장애인 공동체를 대표한다고 주장하는 것도 절대 아니다. 아니, 사실상 어떤 것도 대표하지 않는다. 우리는 모두 개별적인 존재니까. 내 말은, 흔히 기술이 장애라는 '문제'의 '해결책'이라고 여기는 세상에서 살아가는 장애인들의 경험을 경청해 보자는 얘기다. 내가 탐탁지 않아서 따옴표에 넣은 저 단어들은 실제적인 공포를 가리킨다. 여러분이 그 이유를 이해하는 데 이 책이 도움이 되면 좋겠다.

장애를 **문제**로 여기면 사람들은 해결책을 찾는다. 물론 장애가 있는 사람들에게는 문제가 있을 수 있고, 때로 통증과 기능장애*를 포함한 문제가 실제로 있기도 하다. 하지만 우리 문제 중 대부분은, 장애인은 근본적으로 결함이 있고 사회의 일원으로 받아들일 가치가 없으며 잘못됐거나 부적합하다는 생각에 뿌리를 둔, 사회적·구조적·현실적 문제들이다. 이것은 장애가 없는 상태만을 바람직하게 여기는 장애 차별적 사고다. 우리는 이런 부류의 가정에 저항해야 한다. 그런 가정은 장애인을 고정관념에 가두는 극도로 단순한 장애 이야기를 양산한다.

장애를 입기 전, 대학원생 시절에 나는 질과 아주 친하게 지냈다. 그 당시 나는 이미 염증과 영문 모를 증상으로 간헐적인 문제를 겪고 있었으나 내가 장애인이라고는 생각하지 않았고, 크론병으로 진단받으려면 10년이 더 있어야 하는 시점이었다. 질은 하반신 마비로 휠체어를 사용하고 있었다. 지금은 그녀가 세상을 떠난 지 10년도 더 지났지만, 그 당시 우리는 같은 학과에서 여럿이 그룹을 지어 어울렸고, 질과 나는 특별히 더 친했다. 수업을 함께 들었고 이따금 같이 쇼핑도 했다. 질은 우리 그룹의 모임을 위해 자기 아파트에 모두를 초대하곤 했다. 그녀는 원래 뉴저지 출신이지만, 자기에게 좀 더 잘 맞는 기후를 찾아 뉴멕시코로 이주했었다. 질은 뉴멕시코를 사랑했다.

---

* 해부학적으로는 이상이 없으나 생활 기능에 장애를 일으키는 상태.

그녀가 버지니아에 온 것은 우리 학교의 2년제 석사 과정을 밟기 위해서였고, 다시 뉴멕시코로 돌아가 학생들을 가르칠 계획이었다. 질은 평소 농담을 즐겼고, 함께 있으면 편안한 사람이었다.

우리 학교의 장애인 접근성은, 아무리 좋게 말하려고 해도, 거지 같았다. 질과 나는 많은 활동을 함께 했다. 그러다 보니 나는 처음으로 질을 통해 신체 장애를 가진 사람이 어떤 경험을 하는지 매일 똑똑히 목격하게 되었다. 우리가 계단을 피하느라 택해야 했던 그 먼 길들을 나는 기억한다. 내가 운 좋게도 아파트 1층에 살았던 덕분에 이따금 질이 우리 집에 올 수 있었지만, 화장실 문이 너무 좁아서 오래 있지는 못했다. 질이 사는 집도 이상적이지는 않았다. 그녀는 입주할 아파트에 대한 선택권이 거의 없었다. 내가 가진 선택지보다 훨씬 적었다. 그렇다고 질이 입주한 아파트가 특별히 접근성이 좋은 것도 아니었다. 화장실에는 적절한 세면대와 변기가 있었지만, 샤워 공간은 그다지 좋지 않았고, 부엌은 아파트 단지 안 집들의 표준 부엌과 똑같을 뿐이어서 뭘 좀 하려면 창의력을 발휘해야만 했다. 캠퍼스와 가깝고 학부생들로 가득 찬 그 아파트 단지 자체가 말하자면 형편없는 곳이었다. 주차장은 축구 경기가 있는 날이면 언제나 만차였다. 어느 하루, 그날도 경기가 있었다. 우리는 함께 외출할 예정이었고, 질은 행사가 있어 도서관에도 들러야 했다. 나는 차를 몰고 가서 어떤 외진 잔디밭에 주차하고 질의 아파트까지 걸어갔다.

내가 도착했을 때 질은 전화 중이었다. 누군가 질의 흰색 밴 옆에 주차를 했는데, 그곳은 장애인 주차 구역 바로 옆 노란 빗금 영역이었다. 그 차 때문에 질은 자기 밴 옆으로 접근할 수도 없었고, 문을 열어 휠체어 리프트를 펼 수도 없었다. 그 밴은 휠체어 사용자를 위해 개조된 것으로, 운전자가 휠체어에 앉은 채로 타는 구조였기에 운전석 쪽에는 좌석이 없었다. 그러니 내가 대신 운전해서 차를 빼 줄 수도 없었다. (그 차는 질과 비슷한 장애를 가진 다른 사람이 개조해서 몰던 차였다. 질은 휠체어 접근이 가능한 중고 밴을 구할 수 있어서 아주 운이 좋다고 생각했다. 새 차를 그렇게 개조해서 타려면 합리적 범위의 비용을 크게 벗어났을 것이다. 중고 밴 역시 비싸기는 마찬가지였지만.) 질은 아파트 관리실에 전화를 걸었다. 관리실 사람들은 비거주자 차량을 견인하겠다는 표지판을 단지 주변에 이미 설치했다고 변명했고(그 차는 비거주자 차량이었다!), 그날은 경기가 있는 날이었으며 아무도 견인차를 부르고 싶어 하지 않았다. 그들은 자기들이 할 수 있는 게 없다면서 경찰을 부르라고 했다. 질은 경찰에 전화했다. 경찰은 이 사안이 아파트 관리실 책임이라고 했다. 경기가 있는 날이라 경찰도 바쁘기는 마찬가지였다. 다들 그 일을 테니스공처럼 서로 떠넘기기만 할 뿐, 아무도 조치하려 하지 않았다.

1장 장애가 있는 모든 것

나는 격분했다. 누군가 주차하면 안 되는 자리에 주차를 했는데, 어째서 내 친구가 종일 집에 갇혀 있어야 하는가? 만일 질에게 어떤 종류의 응급 상황이 발생해 밴을 꼭 써야만 했다면? 장애인도 갈 곳이 있다는 것을 사람들은 모른단 말인가?

물론 질 역시 유쾌한 기분은 아니었지만, 그녀가 접근 장벽에 부딪힌 것이 이번이 처음은 아니었다. 반면에 나는 길길이 날뛸 만큼 아무것도 몰랐다. 질은 그 차 타이어를 펑크 내라고 나를 부추겼다. 지금 나는 겁쟁이 쪼다였던 스물세 살의 내가 질의 말대로 하지 못한 것을 후회한다. 경찰이 그 차 일로는 오지 않을 것을 우리는 이미 알고 있었는데, 왜 실행하지 않았는지! **종종 과거의 내가 장애를 가진 현재의 나를 실망케 한다.**

나는 작동하지 않았던 그 모든 기반 시설을 생각해 본다. 그것들은 작동하지 않게 만들어졌다. 장애인을 고려해서 만든 것이 아니기 때문이다. 그런 기반 시설은 최소한의 요구 사항도 제대로 충족하지 않았다. 그 아파트 단지는(그리고 관리인과 경찰도) 물리적으로 몇 가지 법적 요건을 충족했지만, 미국장애인법이라는 시민 권리에 관한 법을 사실상 집행하지 않았다. 그런데 그 최소한의 요건마저도 충족하는 단지가 거의 없었고, 질이 고를 수 있는 주택은 한정적이었다. 질은 그 거지 같고 불편한 아파트를 얻었다는 사실에 기뻐할 정도였다. 임대 사무실과 경찰은 물론이고, 원래 그녀에게 동등한 접근권을 보장했어야 하는 기존 제도는 질이 실제로 접근권을 갖도록 하는 데 무관심했다. 그날 질은 자기가 돕기로 했던 도서관 행사에 참석하지 못했다. 상황은 이처럼 불합리한 시스템에 그녀가 적응하는 쪽으로 흘러갔다. 적어도 그날의 불합리는 죽고 사는 문제가 걸린 일은 아니었다. 질이 부인과 치료를 제때 받지 못하게 해서 결국 2년도 지나지 않아 그녀를 죽음에 이르게 한 그런 종류의 불합리 말이다.

내가 X(옛 트위터)에서 팔로우하는 @MsSineNomine은 수년 전에 이런 문구를 썼다. "접근할 수 있는 게 아니면 불살라 버려라." 이후 그 문구는 티셔츠에 프린트됐고,[1] 나는 그 글을 캔버스에 써서 내가 장애인이 되고 나서 입주한 사무실에 걸어 두었다. 동료 모두와 멀리 떨어져 있고, 엘리베이터가 없는 3층짜리 건물 1층에 있는 내 사무실. 모든 문손잡이가 미국장애인법을 지키지 않은 그 사무실……. 지금 나는 방화를 모의하는 게 아니다. 다만 질과 마찬가지로 나도 어쩔 수 없이 비접근성에 대해 많이 생각하게 된다. 그것은 때로 우리 생명이 걸린 문제다. 말 그대로 우리 생존이 걸린 문제, 즉 비접근성과 조잡한 비상 계획으로 인해 우리는 죽을 수도 있다. 때로는 우리의 삶이 걸린 문제다. 우리의 사회적 삶, 직장, 가족, 사랑이 걸려 있다. 물리적으로 사람들이 생활하는 곳에 가고, 이런저런 일을 하며 관계를 맺고 친구를 사귀는 등 세상에서 의미 있

1장 장애가 있는 모든 것

는 일을 못 하게 될 수도 있다는 뜻이다. 여러분이 알고 있는 바로 그런 삶 말이다.

　나는 장애인들이 반복적으로 경험하는 하나의 패턴을 표현하기 위해 '기술낙관주의technoableism**'라는 용어를 만들었다. 나 말고도 많은 사람이 그 패턴을 목격했음을 말해 둔다.[2] 기술낙관주의는 특정한 형태의 비장애중심주의ableism**로, 대중 매체와 예능 프로그램에서 선명하게 드러나며, 사람들이 장애를 위한 기술에 관하여 별생각 없이 말하는 방식에 만연해 있다. 장애를 위한 기술은 젠 리 리브스***의 표현처럼 그저 '때때로 유용한 도구'로 머물지 않는다. 기술낙관주의는 기술력에 대한 하나의 믿음으로, **장애를 없애는 것**을 바람직하게 여기며 그렇게 되도록 우리가 분투해야 한다는 생각이다. 이것은 비장애중심주의의 전형적인 형태다. 장애인에 대한 편견이자, 비장애인의 존재 방식만 옳다고 여기는 선입견이다.[3] 기술낙관

---

* 테크노에이블리즘(technoableism)은 기술로 장애인의 문제를 모두 해결할 수 있다는 관점을 비판하고자 애슐리 슈가 만든 용어. 기술 낙관론에 바탕을 둔 비장애중심주의를 뜻하며, 이 책에서는 기술낙관주의로 번역했다.

** 에이블리즘(ableism)은 장애가 없는 상태를 표준으로 삼고 장애가 있는 상태보다 높은 가치를 매기는 관점을 일컫는다. 비장애중심주의, 장애차별주의, 능력주의 등으로 번역되며, 이 책에서는 비장애중심주의로 번역했다.

*** 장애인 권리 옹호 활동가이자 소셜미디어 전략가, 저널리즘 교사, 장애 어린이를 돕는 '본저스트라이트' 설립자.

주의는 기술로 능력을 갖추게 해 준다는 점을 가장하여 이러한 선입견을 공고히 한다.

기술 사용의 최전선에는 종종 장애인이 있다. 사람들은 우리를 로봇 외골격exoskeleton, 폐쇄 자막, 문 자동 개폐기, 문자-음성 변환 소프트웨어 같은 신기술의 첫 시험대로 삼는다. 그런 다음 그 기술을 모두에게 적용한다. 그런데도 우리는 장애를 위한 기술 논의에서 대부분 제외된다. 보편적 설계universal design에 대한 요구는 항상 있지만, 사람들은 이런 디자인에 (흔히 전문 자격증 제도를 위한 근거로서) 우리 몸을 이용하고 상상하면서도, 행여 우리에게 무엇이 필요한지 물어보는 일은 드물다. '선을 위한 공학 기술'을 연구하는 사람들은 손 절단인에게 한 번도 물어보지 않고 의수를 설계한다. 반대로 대중은 언제나 우리에게 물을 준비가 되어 있다. 감동적인 뉴스에서 대대적으로 선전하는 놀라운 성능의 최신 기기를 왜 사용하지 않느냐고 말이다. 우리 생활은 온갖 종류의 기술에 깊숙이 엮여 있다. 거창한 기술뿐 아니라 왼손잡이용 가위나 보행보조기, 보청기도 모두 장애 보조기술이다. 하지만 기술이 의미하는 바가 무엇인지, 그것이 어떻게 일상생활에 통합되는지, 현대 사회에서 인간으로 살아간다는 것이 무엇을 의미하는지 등에 관한 논의에 장애인들은 거의 한 번도 함께한 적이 없다. 때로 기술은 우리 삶을 구원하는 것처럼 보인다. 비장애인들은 기술이

1장 장애가 있는 모든 것

우리의 장애 문제를 '해결'할 것이고, 미래에 우리를(또는 우리 같은 사람들을) 구원할 것이라 믿고 기대한다. 그리고 우리도 그렇게 믿겠거니 지레짐작한다. 하지만 그런 기대는 대개 우리 상황에 맞지 않고, 오히려 우리를 가둔다. 어떤 기술이 우리를 '고쳐 줄' 것이라고 여기게 되면, 사람들은 장애 보조기술을 둘러싼 다른 많은 문제에 관심을 기울이지 않는다. 잘못된 기획이나 설계, 계속해서 발생하는 유지보수 문제, 비용 문제(많은 장애 보조기술과 마찬가지로 질의 밴은 보험 적용을 받지 못했다), 그리고 장애인의 권리를 보장하는 데 너무나도 부족한 사회 제도(질의 아파트 관리인들과 경찰) 같은 문제들 말이다. 이것은 비장애중심주의의 온갖 형태다.

타릴라 A. 루이스[*]는 비장애중심주의를 "사회적으로 구축된 정상성, 지능, 우수성, 바람직함, 생산성에 관한 생각을 바탕으로 사람의 신체와 정신을 평가하는 체계"라 정의한다.[4] 즉, 비장애중심주의는 사회적으로 구조화된 정상성 규범에 따라 세워진 체계다. 비장애중심주의는 단순한 편견 그 이상이다. 그것은 불확실성과 혼돈으로 가득한 이 우주에서, 그 무엇이라도 완벽할 수 있고 또 완벽해야 한다는 일관된 신념으로, 인간의 신체 수준과 존재 양식에 적용된다. 기술낙관주의는

---

[*] 차별과 억압, 구조적 불평등 해소에 노력하는 변호사, 교육자, 활동가.

특정 유형의 비장애중심주의로, 제한적인 존재 양식에만 가치를 둔다. 비장애중심주의와 마찬가지로 기술낙관주의도 장애인의 삶과 이야기를 대중이 이해하고 각색하는 방식에 영향을 미친다. 누가 가치 있는지, 누가 자격이 있는지, 기술과 개입 intervention 문제에서 무엇이 정의인지를 결정하는 방식에 영향을 끼친다. 깊이 뿌리박힌 그 힘은 사람들이 장애인 사이에 서열을 매기고 가치를 평가하는 방식에, 그리고 이런 가치들이 제도와 기반 시설을 형성하는 방식에 잘 드러난다.

첨단 기술로 사람 몸을 고칠 수 있다는 약속과 찬사에서 우리는 '장애는 잘못된 상태이고 장애인은 고쳐져야만 가치 있다'는 사고방식을 본다. 사이보그 질리언 와이즈는 다음과 같이 썼다.

> 사람들은 우리가 기계적으로 신체 기능을 강화한 생체공학적 팔다리를 가졌을 때 가장 좋아한다. 우리가 청각장애인이라면, 사람들은 우리가 보청기를 낀 것을 좋아한다. 물론 인공와우 이식을 더 선호하지만. 청인들에게 수어를 배우라고 하면 모욕일 것이다. 그런데 사람들은 우리가 우리 언어를 잃고, 우리 문화를 버리고, 그러고는 우리 자신이 치유되었다고 생각하기를 바란다.

기술낙관주의의 더 위험한 면은, 만일 기술을 수단으로 해서 예상만큼 좋아지지 않는다면, 가장 불운한 경우를 '처리하기' 위한 기술 우생학적 수단이 있다는 것이다. 의족, 우울증 치료제 프로작, 심박조율기, 장루주머니, 피짓스피너, 전기방석, 휠체어는 장애를 위한 기술이다. 가스실, 보호 시설 감금, 산전 선별 검사 역시 그렇다.

지난 10년 가까이 나는 이런저런 방식으로 기술낙관주의에 관한 생각을 정리해 왔다. 이 현상에 대한 나의 이해는 끊임없이 늘어나는 사례와 경험으로 채워졌다. 나는 동료 학자들은 물론이고 블로그, 친구들과의 농담, X, 예능 프로그램, 대중 매체에서 얻은 정보, 그리고 기계와 결합한 장애인, 즉 하나의 사이보그 또는 크립보그cripborg*로서 내가 경험하고 알게 된 바를 기록했다. 이 책의 각 장은 독립적이어서 따로 읽어도 되고 순서와 상관없이 읽어도 된다. (본문을 꼭 순서대로 읽어야만 할까? 불구 미학에서는 비선형성을 높이 평가한다.) 어떻게 읽든 각 장 모두 기술, 장애, 사이보그적 삶, 마음과 몸에 관한 생각, 장애 연관 기술의 오랜 철학에 관하여 대화를 시작하는 '물꼬'를 터 줄 것이다. 이런 주제에 아직 관심이 없는 사람들에게 이 책이 다양

---

* 불구를 뜻하는 단어 '크립'과 사이보그의 합성어. '불구'는 장애인을 비하하고 낙인찍는 말이었으나 최근에는 그 용어를 장애인의 언어로 가져옴으로써 혐오에 저항하는 단어로 삼고 있다. 크립에 관한 내용은 2장에서 자세히 다룬다.

한 방향으로 나아가는 유용한 출발점이 되기를 바란다.

나는 장애에 관해서라면 장애인이 전문가라고 생각한다. 소위 말하는 전문가들, 그러니까 비장애인인 과학자, 의사, 치료사 들이 무슨 말을 하는지에는 크게 관심이 없다. 그들이 하는 말은 이미 지나치게 대변되었다. 어떤 면에서는 그런 사람들이 장애 공동체, 인식 주체로서의 장애인, 유효하고 가치 있는 장애 경험에 오히려 해를 끼쳤다. 실제 경험자들의 말을 듣지 않을 때, 사람들은 장애와 기술을 완전히 잘못 이해하게 된다. 기술과 장애에 관한 한 장애인이 '진짜 전문가'다. ('진짜 전문가'는 자폐인에 관해 자폐인들이 저술한 책의 제목으로, 2015년에 작가이자 자폐인인 미셸 서턴이 엮었다.) 우리는 기술을 사용한다. 또 우리는 기술을 거부하고, 붙들고 고심하고, 용도에 맞게 고친다. 장애인들이 말하는 기술에 관한 관점은 의료계나 전문 '보조인'들의 관점과는 사뭇 다르다.

마찬가지로 우리 자신을 위해 우리가 선택하는 언어는 타인이 우리에게 적용하는 언어와 다르다. 장애와 수술의 명칭이, 그것을 경험한 사람이나 장애라는 실험 속을 '개척해 나가는' 주체보다, 그런 상태나 기술을 '발견한' 의사 이름을 따르게 된 일이 얼마나 흔한지 생각해 보라. 우리 몸에 관해 제한적으로만 알 수 있는 전문가들이 우리를 명명하고 우리에 관한 의견을 내놓지만, 그들은 우리가 공동체나 치료실 밖에서 어떤 경험을 하는지, 우리가 이 세상에 어떤 식으로 받아들여지는지는 거의 모른다.

내가 하려는 이야기는 깔끔하지도, 매끄럽지도, 연속적이지도 않다. 내 이야기는 보행보조기 아래 있는 시각장애인용 보도블록처럼 평탄치 않고, 내 의족 밑에서 구르고 헛도는 자갈같이 엇나가며, 겨울에 눈을 치우지 않은 인도처럼 미끄럽다. 이 중 일부는 케모브레인chemobrain 증상을 겪는 사람들이 그러하듯 내 신경계가 알려 준 것이다. 포켓몬(5장에서 포켓몬스터 게임을 장애 기술로 살펴볼 것이다)의 '모두 잡아야 해'* 정신에 빗대어 말하자면, 나는 난청과 케모브레인 증상이 있는 절단인이다. 또 크론병과 이명이 있고, 진단받지는 않았으나 암 치료와 관련한 불안장애 또는 PTSD가 있는 것 같다. 딱 한 가지 장애만 가진 장애인은 드물다. 이것은 중요한 사실이다. 왜냐면 대부분의 장애 연구는 우리더러 딱 한 가지 장애만 가지라고 하기 때문이다. 다시 말하면 대부분의 장애 연구가 우리 데이터를 몹시 부정확하게 기록하고 있다는 뜻이다. '케모브레인'은 침투성 화학요법을 받은 후에 나타나는 인지 기능 저하를 뜻하는 말로, 단기적이거나 영구적으로 기억력, 집중력, 정보 처리와 인지 기능 변화를 수반한다. 케모브레인이라는 단어는

---

* 포켓몬스터 게임의 캐치프레이즈로, 모든 포켓몬을 잡아 포켓몬 도감을 완성해야 한다는 의미를 담고 있다.

화학요법을 받은 환자들이 만들었으며, 화학요법으로 인한 신경계 변화를 맨 처음 인지한 것도 환자들이었다. 의사들이 그 증상을 '승인'하거나 믿기 수십 년 전에 말이다. 나는 주의력결핍과잉행동장애ADHD가 있는 사람들과 자폐인들에게 감사한다. 그들은 신경다양성 패러다임을 발전시켰고 또 장려하고 있는데, 그 인식 체계는 나처럼 통상적이지 않은 신경 질환을 가진 다양한 사람들(5장 참조)을 포함해서 내가 나로 존재하는 것이 괜찮도록 도와준다.

우리는 장애 공동체 안에서 서로에게 아주 많은 것을 배운다. 각자가 속한 제한적 공동체 안에서만이 아니라, 다른 유형의 장애에 관한 대화를 통해서도 마찬가지다. 나는 내가 배운 것을 나누고 싶다. 아는 것이 힘이어서 그럴 뿐 아니라, 장애인이라는 존재, 장애인의 창조성, 장애인의 계획, 장애인의 번영, 장애인의 삶, 장애인의 전문성, 장애인의 모든 것을 위한 자리가 더 많아지기를 바라기 때문이다.

빠르게 훑어보는 다음 이야기

2장 | 방향 전환 2장은 장애학disability studies과 장애활동주의 disability activism가 친숙하지 않은 사람들에게 좋은 출발점이 되어 줄 것이다. 나는 여러분이 방향을 '전환'하도록 인도할 참이다.

앞에서 이야기한 편견을 뒤흔들고, 장애와 장애 역사, 장애 공동체에 관한 독자들의 인식 방향이 장애를 향하도록, 장애인이 이끄는 대화 쪽으로 향하도록 만들고 싶다. 장애에 대하여 사람들이 안다고 생각하는 것 중 많은 부분은 비장애인인 장애 전문가와 과학자들 관점에서 나온 것이고, 그것은 적절하지 않다.

3장 | 각본 속 장애 3장에서는 장애에 관한 신물 나는 이야기를 파헤친다. 뉴스, 예능 매체, 소셜미디어와 밈 등에서 장애를 이야기할 때 등장하는 흔한 비유나 전형적 표현에 대해 알아본다. 이런 '수사적 어구'를 식별하면 온갖 민망한 상황을 비껴갈 수 있을 뿐 아니라 더 나은 행동을 할 수 있다.

4장 | 새 다리, 낡은 수법 4장에서는 이동성 장애mobility disability에 관한 이야기를 일부 다룬다. 이동성 장애는 내가 가장 많이 경험하는 장애이고, 나를 다른 장애인 공동체로 처음 안내해 준 장애다. 이 장은 신체 장애를 가진 사람들에게 초점을 맞춘 대중 매체의 끝없는 서사에 대응하여, 휠체어 사용자와 팔다리 절단인 들의 이야기를 중심으로 구성했다. 패럴림픽이나 테드 강연, 그 밖의 대중 서사에서 장애를 다룰 때, 대개 젊은 백인 휠체어 사용자나 절단인에 초점을 맞추어 보도하는 것을 대중

은 끊임없이 본다. 이 장에서는 정상적(으로 보)이게 하는 것, 즉 두 다리로 걷거나 손가락이 다섯 개인 두 손이 있어야 한다는 압박에 관해 이야기하고, 새 의수나 의족을 갖게 되는 실제 과정을 설명한다.

5장 | 신경다양인 저항 운동 5장에서는 신경다양성과 신경다양성 운동neurodiversity movement에 관한 몇 가지 핵심 용어를 정의하고, 장애인 돕기 자선 사업, 장애인의 역량, 장애를 위한 기술의 지형을 현재와 같은 모습으로 이끈 우생학의 역사에 관해 이야기한다. 자폐성 장애에 개입하는 접근법 중 가장 흔한 한 가지를 다루고, 자폐인이 추천하는 친화적인 접근법은 무엇인지, 자폐인이 선호하는 기술은 무엇인지 살펴본다. 자폐인이 아닌 나는 자폐인 블로그와 서적, 전문가 집단과 친구들로부터 많은 도움을 받아 이 장을 썼다.

6장 | 접근성 높은 미래로 마지막 장에서는 우주에서의 몸, 장애, 과학기술에 관해 생각해 본다. 장애를 가진 존재는 확장성이 있다. 불확실성과 함께 살아갈 미래에 다양한 존재 방식을 가진 모두가 거주할 수 있는 환경을 계획할 때, 바로 그 확장성 있는 존재가 창의적인 비전을 보여 줄 것이다.

2장

방향

전환

휠체어는 장애의 보편적 상징이다.
휠체어 그림은 화장실 문, 주차 공간, 경사로에 표시되어 있다.
하지만 과학기술자들은 늘 휠체어를 다른 것으로 대체하려 한다.

나는 미국 절단장애인연합 행사에 가는 것을 좋아한다. 교육적인 세션 때문이라기보다는 단지 그곳에 온 모두가 어떤 의미에서 나와 같은 사람들이고, 그 속에 내가 있다는 동질감 때문이다. 내 친구 맬러리 케이 넬슨과 함께(나는 행사장에 갈 때마다 항상 맬러리와 함께하며, 우리는 그곳까지 장거리 자동차 여행을 한다) 콘퍼런스가 열리는 호텔 주변을 걸을 때면, 우리는 지나가는 사람들에게 어느 팔이나 다리가 없는지 무심히 보게 된다. 그러다가 절단인이 아닌 사람들을 보면 언제나 약간 놀랍다. 이곳에서는 우리가 아니라 비장애인들이 소수자이고 외톨이다. 솔직히 위안이 된다.

행사장에서 우리는 가끔 유치해지기도 해서, 서로의 의수나

의족을 바꿔 착용해 본다. 신체 본을 떠서 만든 이런 보철補綴, prosthetics은 그 사람 말고는 아무한테도 맞지 않는데도 말이다. 절단인의 수영, 암벽 등반, 달리기 세션은 그런 활동 자체로 멋지긴 한데, 행사의 진짜 핵심은 다른 사람들이다. 나는 박람회장을 사랑한다. 그곳에는 비싸고 맵시 있는 발을 우리에게 팔고자 애쓰는 사람들이 있다. 그들은 우리가 의족을 구경하고 만져 보고 이래저래 체험해 보게 한다. 행사가 끝난 뒤에 우리 중 누군가는 자기 보철사에게 그 브랜드와 제품 유형에 관해 물어보기도 할 것이다. 발 부스는 대체로 매우 붐빈다. 절단인 대부분은 하지를 절단한 사람들이고, 그게 무릎 아래든 위든 아니면 엉덩이 쪽이든 간에, 하지 절단인이 보철을 쓰기로 했다면 의족이 필요할 것이다. 특수한 속옷을 전시한 부스도 있다. 보철물을 착용할 때 민감한 부위의 마찰을 줄여 주는 속옷, 궁둥이를 잃었거나 욕창이 생기는 사람을 위한 패딩 속옷도 있다. 나는 사람들이 그 부스를 전략적으로 피해 가는 모습을 재미있게 관찰한다. 판매자에게 말을 걸긴 하지만, 의족 부스에서처럼 전시된 제품을 만지고 시험해 보기보다는 소개 책자를 집어 들고 가 버리는 식이다.

팔 장치를 모아 놓은 테이블은 정말 놀랍다. 사람들이 사방에서 볼 수 있는 자리에서 팔 절단인이 능숙하게 여러 가지 시범을 보인다. 그녀는 뜨개질하는 모습을 보여 주고, 칼질할 때

과일이 굴러가지 않도록 잡아 주는 도마, 단추 사용을 돕는 도구 등 생활을 편리하게 만드는 몇 가지 도구를 보여 준다. 이곳은 공동체에서 마련한 비非상업 부스다. 그녀는 뭔가를 팔고 있는 것이 아니라, 신참자들에게(그리고 상지 절단인 생활을 더 알고 싶어 하는 나같이 호기심 많은 하지 절단인들에게) 일상의 일을 쉽게 처리하는 도구들을 보여 주는 중이다.

절단장애인연합은 완벽하지 않다. 우리 대다수의 마음속에는 여전히 비장애중심주의가 깊이 자리 잡고 있으며, 어떤 대화에는 분명히 위계가 드러난다. '감동을 주는 장애인' 이야기에 동감하는 사람들은 더 의미 있는 방식으로 공동체에 참여하기보다 스스로 모범 사례와 영감의 대상이 되려고 노력한다. 또 보철물을 착용하는 데 관심이 있는 사람과 그렇지 않은 사람들 간에 약간의 분열이 있다. 일부 사람들에게 보철은 실제 값어치보다 더 많은 시간, 노력, 비용을 요구한다. 다리를 높은 위치에서 절단한 사람, 상지 절단인, 절단하지는 않았으나 사지에 다른 손상이 있는 사람들에게 특히 그렇다. 이런 사람 중 일부는 많은 시간을 들여 의족이나 의수를 시도했다가 늘어나는 무게, 의학적 위험 요인, 아니면 단순하고 고질적인 불편함 때문에 결국 그 보철물을 포기하게 된다.

맬러리는 한동안 의족을 써 보려 했고, 실제로 사용하기도 했다. 하지만 다리와 함께 골반의 반을 잘라 내는 반쪽골반절제술을 받은 절단인이다 보니 의족을 걸 만한 부분이 마땅치 않았다. 둔부 탈구와 반쪽골반절제 보철용 부품은 무거운데다가, 고관절-무릎-발 이렇게 세 군데 보철 관절이 필요하다. 고관절과 무릎 장치는 터무니없이 비싸고, 무릎 아래 발과 정강이 기본 장치 중에서 가장 흔하고 합리적인 가격대의 부품조차 저렴하지 않다. 내 마지막 다리는 (보험에 청구한) 1만 3,000달러였다. 맬러리의 전체 장비는 10만 달러를 넘어설 것이다. 게다가 절단 위치가 너무 높은 탓에 그녀는 보철물을 허리에 감아 버클을 채워야 했고, 낮은 부분에서 절단한 사람이 헤아릴 수 있는 것보다 더 많은 마찰과 불편을 처리해야 했다. 아주 민감한 부분에 보철 장비를 맞추는 과정은 끔찍할 수 있다. (특정 기술을 이용해야 하는 우리의 입지 역시 취약하다. 나의 또 다른 친구는 무릎 위 대퇴 절단인인데, 한 보철사가 그녀를 추행했다. 그녀는 경찰, 공정거래협회, 보철인증단체에 신고하고 다른 보철 업체를 알아봤지만, 그 작자는 아직도 멀쩡하게 그 일을 하고 있다.)

맬러리는 보철 대신 특별한 쿠션(일반적인 의자는 그녀 상황에 맞지 않으므로, 부족한 엉덩이를 받쳐 주면서도 척추에 무리가 가지 않게 보완했다)이 있는 휠체어와 팔꿈치 목발(겨드랑이 아래에 받치는 일반 목발보다 훨씬 낫다) 한 쌍을 둘 다 사용한다. 그녀는 자신을 **변신이동**transmobile 인간이라고 부른다. 맬러리의 세계에 단 하나의 완벽한 기술은 존재하지 않는다. 그래서 상황마다 다른 필요를 충족하기 위해 자신이 쓸 수 있는 여러 종류의 보조기술을 갖추고 있다. 이동하는 방법에 관해서라면 다른 사람들보다 그녀에게 **선택지가 더 많다.** 이 문제에 대해 내 관점을 바꿔준 맬러리의 방식이 나는 정말 좋다. 그녀는 장애인의 선택지가 비장애인보다 더 많음을 나에게 보여 주었다. 이토록 생산적인 생각은 우리 공동체 밖에서는 거의 들을 수 없다.

맬러리처럼 장애인이 대중 매체의 주장과 모순되는 방식으로 기술과 장애에 관해 쓰고 이야기하는 것은 매우 흔한 일이다. 맬러리는 당장 필요한 것이 무엇인지에 따라 한 회사의 전체 기술을 다 사용하기도 한다.[5] 그러나 대중 매체는 흔히 장애인이 단 하나의 완벽한 대체 기술을 추구한다는 생각을 퍼뜨린다. '모든 상황에 들어맞는 단 하나의 기술'이 가장 극명하게 드러나는 사례가 바로 보철물이다. 이러한 서사는 선천적 발달장애에 관한 담론에서도 반복된다. 장애와 기술에 관해 사람들이 듣는 이야기는 대부분 예능과 뉴스 매체를 통해 나오는 비장애인 화자들의 발언이다.

장애와 장애 기술에 관한 일에 장애인을 전문가로 세워야 한다는 생각은 말할 필요도 없이 당연해야 한다. 물론 그렇게 한다면 우리는, 우리가 속한 이 비장애중심주의 세상의 몇 가지 근본 가정에 확실히 균열을 내겠지만 말이다. 비장애중심주의를 단순하게 정의하면, 장애를 가진 사람에 대한 편견이나 차

2장 방향 전환

별, 또는 장애 상태에 대한 낙인, 비장애인의 삶과 존재 양식만을 선호하는 편견이다. 장애를 배척하는 편견은 종종 다른 편견의 기초가 되거나 그런 편견을 강화한다. 정신적 특성에 근거한 편견인 건강한정신주의saneism, 농인을 배척하는 편견인 청능주의audism, 그리고 비만 혐오fatphobia는 모두 비장애중심주의를 명백히 드러낸다. 백인우월주의, 인종차별, 성차별, 외국인 혐오xenophobia 역시 비장애중심주의와 엮여 있음을 알아차리는 데는 그리 직관적일 필요도 없다. 예컨대 비장애중심주의는 비백인 차별을 정당화하는 데 쓰였던 과학적 인종주의scientific racism의 추한 역사와 밀접한 관련이 있다. 19세기 과학적 인종주의를 이루는 구조물이었던 IQ 검사와 인종 측정 기준은 지금도 여전히 사람들이 장애를 바라보는 방식을 뒷받침한다. 또 비장애중심주의는 역사적으로 미국 이민 정책에서 인종차별과 외국인 혐오를 정당화하는 수단으로 사용되었다. 일부 서유럽인들이 지능 면에서 더 우월하고, 신체 역시 더 건강하고 질병 저항성이 있으며, 범죄를 저지를 동기가 적은 더 나은 시민이라고, 이민자로 받아들이기에 다른 어느 곳에서 온 사람들보다 모든 면에서 더 적합한 후보라고 묘사했던 그 이민 정책 말이다.

이런 식의 사고는 현대 이민 정책에도 여전히 영향을 미친다. 장애인 대부분은 이민을 통해 다른 나라의 시민이 되는 것이 불가능하다.[6] 장애는 자동으로 당신이 짐짝 취급을 받게 만들고, 많은 나라에서 시민권이나 영주권을 받기에 부적합한 사람으로 만들어 버린다. 비장애인 친구들이 미국의 현재 정치 여건을 한탄하며 더 진보적인 사회 정책을 펴는 어딘가로 이주하는 것에 대해 논할 때, 그들은 이것이 장애인 대부분은 꿈도 꾸지 못하는 특권임을 알아차리지 못한다.

비장애중심주의는 언어에 깊숙이 자리 잡고 있다. 언어는 만물에 관한 인간의 사고방식을 반영한다. '백치idiot'나 '우둔moron' 같은 말은 원래 지적장애를 나타내는 진단 용어*였으나 지금은 경멸의 의미로 쓰인다. 이런 모욕적인 말을 하는 것은 그 사람이 장애를 어떻게 생각하는지를 언어를 통해 드러내는 셈이다. 마찬가지로 (세상에는 유능하고 박식한 맹인들이 분명 존재하는데도 불구하고) 맹盲, blindness이라는 말을 무지하거나 주관이 없는 등의 부정적인 은유로 사용하는 것 역시 장애는 한계라는 가정을 드러내는 것이다. 맹인 언어학자 셰리 웰스-젠슨은 (말 그대로 물리적 실명을 묘사하는 용법 외에) 맹이 포함된 단어가 부정적인 의미를 지니지 않은 사례를 찾으려고 여러 언어를 분석했다. 그 결과, 맹이 곧 무지라는 고정관념이 거의 모든 언어에 보편적으로 자리 잡고 있음을 발견했다.

---

* 실제로 20세기 전반에 IQ 검사에서 지능이 가장 낮은 경우부터 차례로 백치(idiot), 치우(imbecile), 우둔(moron)이라는 용어를 사용했다.

또한, 비장애중심주의는 법문화되어 있다. 많은 법에 장애인 차별이 명시되어 있다. 법률에 의하면 아동 보호 기관이 부모에게서 아이를 떼어 놓을 때, 부모가 비장애인인 경우보다 장애인인 경우에 더 쉽게 이를 허용한다. 부모의 장애 말고 다른 차이는 없이 말이다. 역사적으로 '어글리 법Ugly Laws'으로 알려진 미국의 법들은 단순히 장애인이 공공장소에 나왔다는 이유로, 즉 장애가 있는 모습으로 대중의 눈에 띄었다는 이유로 그들을 범죄자 취급했다. 마치 장애인의 모습이 선천적으로 문명화되지 못했다는 듯이 대한 것이다. 이같이 장애를 배척하는 법들은 인종차별과 대단히 일치한다. 또한, 정부 당국이 보기 싫은 모습을 한 사람들을 못살게 굴고, 단지 공공장소에 있다는 이유로 그들을 체포할 구실을 마련해 준다는 점에서 부랑죄에도 경종을 울린다. 미국에서 가장 마지막 어글리 법이 폐지된 것은 1976년이었다.

나는 '기술과 장애' 수업을 듣는 학생들에게 솔직하게 말한다. 내 강의는 여러분이 듣는 다른 수업들과는 정반대 방향으로 편향되어 있다고. 이 수업을 듣는 학생 중 다수는 보건의료, 공학, 과학 분야를 공부하고 있다. 버지니아공과대학교의 슬로건은 한때 "미래를 창조하라"였고,[7] 구성원들은 정말로 자신이 미래를 만드는 데 이바지하고 있다고 믿는다. 나는 그 슬로건을 좋아한다. 나 역시 그것을 믿기 때문이다. 인문학 교육자로서 내가 해야 할 일은, 학생들이 윤리적이고 사회에 도움이 되는 방식으로 자기 일을 해 나갈 수 있게 올바른 맥락과 이해를 갖추도록 돕는 것이다. 이런 분야의 전문직을 희망하는 사람 중 너무나 많은 이들이, 자신들과 함께해야 할 사람들을 깊이 이해하지도 않고, 그저 가서 설계하고 만들고 치료하고 '도우려고' 한다. 우리 삶의 맥락을 이해하지도 않고 말이다.

내 수업에서는 장애인이 장애인에 관한 전문가다. 우리는 장애가 있는 삶에 대한 비장애인의 설명을 읽지 않는다. 그런 설명은 너무나 뻔하게 우리 이야기를 곡해하고 있기 때문이다. 자폐성 장애에 관한 수업에서 우리는《정신질환 진단 및 통계 편람》*을 참조하거나 자폐인 가족에게 묻지 않는다. 우리는 자폐인에게 직접 듣는다. 이야기를 들려줄 성인 자폐인들이 세상에 있다. 그것도 아주 많다. 그들은 미셸 서턴이 엮은 《진짜 전문가》**, 리디아 X. Z. 브라운, E. 아시케나지, 모레니케 기와 오나이우가 펴낸《우리 꿈의 무게》*** 같은 책들을 써 왔다(4장 참조). 자폐인자조 네트워크나 자폐여성&논바이너리 네트워크같이 자폐인이 이끄는 조직은 자폐인을 진심으로 가

---

* Diagnostic and Statistical Manual of Mental Disorders(DSM)

** The Real Experts: Readings for Parents of Autistic Children

*** All the Weight of Our Dreams: On Living Racialized Autism

치 있게 여기는 놀라운 일을 하고 있다.

장애인이 하는 말을 들으면 장애에 관해 완전히 새로운 사고 방식을 배우게 된다. 반대로 오티즘스픽스 같은 많은 자선 단체(대부분 비장애인이 운영한다)는 '장애의 의료적 모델medical model of disability'에 해당하는 정책을 추진하는데, 의료적 모델은 장애 공동체가 발전하는 데 오히려 방해가 된다. (이에 관해 5장에서 좀 더 이야기하겠지만, 많은 자폐 활동가와 옹호자들은 오티즘스픽스를 반反자폐 단체로 규정한다. 활동가들은 수년 동안 이 단체의 운영 방식, 철학, 자폐인을 존중하지 않는 태도에 대해 목소리를 높이고 있다.) 장애의 의료적 모델은 장애가 결함이라는 생각, 즉 **정상성을 벗어난** 상태이므로 의료적 또는 치료적 개입을 통해 다루고, 치유하고, 제거하거나 교정해야 한다는 생각이다. 이 모델에 따르면 장애는 뿌리 뽑아야 하는 것, 맞서야 하는 것, 두려워하거나 동정해야 하는 것이다. 장애는 장애를 가진 사람 개인이 고쳐야 할 **문제**로 규정된다. 문제에 대한 해결책은 이야기마다 다르다. 예를 들자면, 보철 같은 기술로 초기에 치료적 개입을 하는 것부터 착상 전 유전자 진단과 제거에 이르기까지 다양하다. 이 세계관에서는, 적절한 치료법과 기술 또는 접근법을 알아내고 그것을 효율적으로 사용해 문제를 해결하는 것이 장애인과 '함께하는' 전문직 종사자의 역할이다. 장애인에게 무엇이 필요한지, 우리를 어떤 기준으로 어떻게 평가해야 하는지,

우리가 어디에 있어야 하는지를 비장애인인 장애 전문가들이 결정한다(실제로, 만일 우리가 시설에 머물러야 한다고 그들이 결정하면, 그들은 우리를 그곳으로 보낼 수도 있다). 우리가 어떤 지원과 기술을 적용받을 수 있는지, 또 우리의 앞날, 그러니까 우리의 삶과 일에 대한 전망(일부 장애인은 흔히 특정 종류의 일을 하게 된다), 우리의 교육(장애인을 교육하는 것이 과연 가치 있거나 한지를 포함하여), 그리고 우리가 결혼해도 되는지 또는 아이를 가져도 되는지조차 비장애인 전문가들이 결정을 내린다. 1927년 벅 대 벨 Buck v. Bell 사건의 대법원 판례는 장애가 있는 시민의 단종 수술을 국가가 강제로 집행할 권리가 있다고 옹호했으며, 그 판례는 아직도 번복되지 않았다.

장애의 의료적 모델에는 문제가 많다. 물론 무엇보다 심각한 것은 장애인이 반박하거나, 우리를 대표할 힘을 갖거나, 우리만의 의미를 만드는 것을 이 모델이 허용하지 않는다는 점이다. 그런데 꼭 짚어 봐야 할 좀 더 철학적인 문제가 있다. 사람들은 장애에 관한 일관된 범주를 어떻게 정하는가? 무엇을 장애로 간주하고 무엇은 장애가 아닌지를 어떻게 정의하는가? '장애'라는 범주는 단순히 손상 여부로 정의할 수 없다. 안경 쓴 사람은 시각적 손상이 있는 상태지만 대개는 그런 사람을 장애인으로 보지 않는다. 또 모든 장애인이 손상을 입은 것도 아니다. 다른 곳은 건강하지만 소인증dwarfism으로 키가 작은 사람들에게는 이 세상이 장애를 유발한다. 도서관과 식료품점의 선반부터 공항과 은행의 카운터, 하이톱 스타일의 식당까지(솔직히 하이톱 스타일 식당은 다른 대다수에게도 최악이다), 단지 모든 것이 너무 높게 만들어졌을 뿐인데 외려 그들이 장애인이 된다. 장애의 범주는 사람들의 기대와 정상성 규범에 비례하여 형성된다.

이렇듯 장애는 사회적으로 구축된 체계로, 규범적인 몸과 마음에 영합하도록 설계된 세상과 실제 자아 간의 불화다. 장애는 사회가 만들어 낸 범주다. 물론 이 가짜 범주는 사회적, 문화적, 개인적으로 엄청난 의미와 결과를 가져오며 실질적 영향력을 행사한다. 지금 나는 장애가 실재하지 않는다고 말하는 것이 아니다! 나는 절단장애인이다. 그런데 장애라는 사회적 틀이 나와 다른 사람들을 옭아매기 훨씬 전부터 사람들은 팔다리 없이 태어나거나 팔다리를 잃었다. 절단인은 화석 기록에도 보인다. 그렇다면 어쩌다가 절단장애, 난독증, 시각장애, 양극성기분장애를 가진 사람들이 모두 하나의 별도 범주로 묶이게 됐는가? (마치 농담을 시작하는 것 같은 말이다.) 무엇이 이들을 하나로 묶는가? 장애는 사실상 일, 고용, 교육과 연관하여 발달한 역사적 개념으로, 오늘날 장애는 이해의 범주다. 역사적이고 사회적인 요인들이 장애를 정의하는 법과 장애인을 범주화하는 방식의 근거가 되었다.

휠체어는 장애의 보편적 상징이다. 휠체어 그림은 화장실 문, 주차 공간, 경사로에 표시되어 있다. 하지만 과학기술자들은 늘 휠체어(그 자체로 이미 과학기술의 일부인데)를 다른 것으로 대체하려 한다. 장애인이 일어서서 걷고 계단을 오르는 것을 목표로 하는 외골격 로봇과 기기들은 주류 매체가 최고로 흔히 다루는 이동 장치다. 그런 장비들은 장애인을 지금 이대로의 세상에 끼워 맞추고자 설계된 것이어서, 경사로나 엘리베이터, 접근성 높은 출입구에 대한 논의를 배제한다. 반면 휠체어는, 고치고 조정하고 개선해야 할 것은 장애가 아니라 이 세상임을 또렷이 보여 준다.

'장애의 사회적 모델Social Model of Disability'은 장애를 **사회적** 현상으로 정의한다. 즉, 문제가 사람의 몸이나 마음에 있는 것이 아니라 사회가 만든 낙인과 장벽에 있다고 본다. 이 모델은 장애와 비장애를 사회적 맥락, 사회 구조, 인공적으로 구축된 환경에 따라 구분한다. 인간적이라는 것이 어떤 의미인지, 누가 권리를 누릴 자격이 있는지 같은 철학적인 개념과 함께 정상성의 개념에 따라 장애인과 비장애인의 범주가 달라진다. 오늘날조차 장애의 정의에는 허점이 많다. 보철물 사용법을 완벽히 익힌 어떤 절단인들은 자신을 장애인으로 '간주하기'를 거부한다. 다운증후군 옹호자 중에는 공동체에 속한 모두가 광범위한 의학적 문제를 가진 것은 아니라는 점을 대중에게 환기하는 사람들도 있다. 그리고 일부 키 작은 사람들은 사회적 낙인에서 오는 장애, 인공적 환경이 만들어 내는 장애가 자신들의 가장 큰 장애라고 지적한다. 이러한 범주는 문화에 따라, 시대에 따라 달라진다. 실제로 '장애인'이라는 범주가 없는 문화와 시대가 있었다. 대개는 질병이나 동상, 또는 혹독한 삶의 여건 때문에 **더** 많은 사람이 오늘날 우리가 장애라고 부를 만한 것을 가졌던 그런 시대 말이다. 건강한 몸able-bodiedness과 장애에 관한 오늘날의 개념은 상당 부분이 누가 농장이나 공장에서 일하기에 적합한지를 기준으로 삼은 분류 체계에서 왔다. 육체노동의 '통상적인' 양을 수행할 수 없을 때, 사람들은 그들을 '장애인'이라고 부른다.

지금 나는 장애가 사람에게 문제를 유발하지 않는다고 말하는 것이 아니다. 다만 그런 문제는 사회적 모델의 핵심이 아니다. 장애를 가진 많은 사람이 그에 따른 문제를 다루기 위해 물리치료, 중독 치료, 그 밖의 치료를 기꺼이 받는다. 사회적 모델의 요지는 장애의 정의를 더 넓게 생각하자는 것이다. 장애는 비정상적인 상태이고 우리 몸과 마음은 정상화되어야 한다는 판에 박힌 생각에 반대하는 것이다. 사실, 장애라고 부르는 상태는 통계적 의미에서 보면 지극히 정상이다. 현재 인구의 15% 이상이 정신, 학습, 발달, 인지, 감각, 또는 신체 장애로 규정된 일부 유형에 해당한다. 그리고 오래 사는 사람들은 거의 모두 이 그룹에 합류하게 될 것이다. 나이가 들어감에 따라 신체 구조와 기능이 쇠퇴하는 현상을 노화라고 정의한 현재의 문화에서는 노화 자체가 장애를 유발한다. 이것이 바로 일부 장애 옹호자들이 장애가 없는 사람들을 '한시적 비장애인'이라고 부르는 이유다.

장애의 개념이 언제나 지금처럼 노동 능력과 깊숙이 연관되었던 것은 아니다. 킴 닐슨이 《장애의 역사》(김승섭 옮김, 동아시아, 2020)에서 보여 주었듯이 아메리카의 다수 토착민 문화에서는 신체적, 정신적 건강에 관한 생각이 훨씬 유동적이고 다양했으며,[8] 일부 토착민 부족에서는 예나 지금이나 마찬가지로[9] 장애를 낙인찍지 않는다(그리고 우연히도 많은 토착민 언어에는 하나의 범주로서 '장애'를 뜻하는 단어가 없다). 닐슨은 북아메리카 대초원에서 생활한 평원 인디언의 수어Plains Indian Sign Language를 예로 들었는데(토착민 수어 중 가장 잘 문서화되어 있다), 평원 인디언 수어는 다양한 평원 부족들의 교역에 공통 언어로 쓰였다. 즉, 수어가 문화와 언어의 자연스러운 일부였던 만큼 의사소통 규범에도 청각장애를 고려하는 일이 더욱 쉽고 자연스러웠다고 닐슨은 설명한다. 마리사 레이브-네리는 신체적, 정신적 건강에 관한 아메리카 토착민의 개념을 다음과 같이 설명한다.

2장 방향 전환

아메리카 토착민의 믿음은 근본적으로 현실이 다층적이고 항상 변화한다는 생각에 뿌리를 둔다. 현실이 언제나 변화하므로 그들에게는 정상성의 개념이 없고 마찬가지로 비정상성의 개념도 없다. 중요한 것은 오늘날 수많은 미국인이 그렇듯 아메리카 토착민 역시 단일 부족의 후손들이 아니라는 사실이다. 그런데도 역사학자들은 장애, 신체적·정신적 건강에 관하여 여러 부족 간에 지극히 유사한 개념을 발견할 수 있었다. 그들의 공통점은 다양한 방식으로 다름을 수용하는 능력이다.

아메리카 대륙을 식민지화한 유럽인들은 새로운 낙인을 들여와 장애 개념을 바꾸어 놓았고, 이것은 노동과 지역사회에 관한 이해에 깊이 영향을 미쳤다. 예컨대 북아메리카 토착민의 풍습, 전통, 가치, 심지어 의사소통 규범은 유럽 이주민의 주류 문화와 달랐는데, 이에 대하여 유럽인은 북아메리카 토착민이 정신적으로 건강하지 않아서 자기 결정 능력이 없다고 해석했다. 이렇게 발명된 장애 개념은 토착민에게 끔찍하고도 중대한 결과를 가져왔다. 과거 토착민 기숙 학교가 있던 부지에서 토착민 어린이들의 집단 묘지를 발견하면서 우리는 이 끔찍한 일을 이제야 일부나마 다루기 시작했다. 이 학교는 토착민 어린이들을 '정상적인'(이라 쓰고 '백인, 올바른'이라 읽는다) 사회의 일원으로 '교화하기' 위해 운영된 곳이었다. 미국 정부는 주로 기독교 '자선 단체'와 선교 활동의 도움을 받아 어린이를 가족과 지역사회에서 멀리 떨어뜨려 놓고, 문화 차이에서 오는 '문제'를 치유하고자 했다.

미국의 노예제 도입은 신체적 범주로서의 장애 개념을 강화했다. 사람이 다른 사람을 재산으로 소유하고 힘든 노동을 강요하는 사회에서는 신체에 경제적 가치가 생긴다. 장애는 노예들이 경매에서 팔리는 가격을 제한하고 분류하는 조건으로 자리매김하기 시작했다. 장애 개념은 육체노동을 할 수 없거나 일할 아이를 낳을 수 없는 사람들을 아무 가치 없는 존재로 만들었다. 장애를 가진 흑인과 토착민이 경제적으로 가치가 없다고 평가받아서 살해된 끔찍한 역사가 기록으로 남아 있다. 노동에 부적합하다고 판정하는 또 다른 개념으로 정신 장애도 발명되었다. 1861년, 자유를 찾아 탈출을 시도한 노예들이 정신적으로 병들었다고 진단하는 데 출분증drapetomania[*]이라는 정신질환을 적용했다. 흑인들과 마찬가지로 생존을 위해 식민지 점령국의 문화에 굴복하기를 거부한 토착민들도 정신 장애가 있다고 분류되었다. 근본적으로 경제적인 판단에서 비롯된 장애라는 범주는 산업화 시대를 거쳐 계속해서 재정의되었는데,

---

[*] 미국 의사 새뮤얼 카트라이트는 "흑인들은 신체적·정신적 결함이 있어서 백인이 감독하고 돌보지 않으면 살아남을 수 없다"고 말하며, 노예들이 안락한 삶을 마다하고 자유를 찾아 달아나는 어리석은 행동을 하는 것이 출분증이라는 정신질환 때문이라고 진단했다.

기계 앞에서 장시간 서 있거나 간단하고 반복적인 작업을 하기에 적합하지 않은 부류의 사람을 장애인으로 간주했다.

인종차별과 비장애중심주의가 오늘날 우리가 사는 세상을 형성하는 데 커다란 영향을 미쳤다는 점은 아무리 강조해도 지나치지 않다. 최근의 장애정의운동 disability justice movement[*]은 경제적 범주의 장애에 이의를 제기하고, 장애를 정치적 연대의 범주로 재해석하고자 한다. 다양한 그룹의 장애인이 함께 모여 정치적 행동·인정·변화를 위해 힘을 합치고 있으며, 장애는 정치적 정체성이자 대의명분임을 외치고 있다. 우리는 대부분 장애를 멀리하라는 말을 듣지만, 장애정의운동은 오히려 장애를 끌어안음으로써 더 공평하고 차별 없는 세상을 향해 나아가는 연합체를 만들고 있다.

장애인이 어렵게 헤쳐 나가야만 하는 세상을 우리 사회가 어떤 식으로 만들어 내는지 곰곰이 생각하다 보면 사람들이 쓰는 언어에 가닿는다. 장애에 관해 어떻게 이야기해야 하는지, 특히 장애를 가진 사람들의 **집단**을 뭐라고 불러야 하는지에 대하여(개개인에게 그들을 뭐라고 부르면 좋을지 묻기는 상당히 쉽다) 장

---

[*] 장애정의운동은 장애권리운동을 기반으로 하며 유색인, 이민자, 성 소수자 등 여러 범주에 속한 장애인의 교차성을 인식하여 더욱 포괄적으로 장애인과 소수자의 권리를 확보하려는 운동이다.

애 전문가, 장애인, 여러 장애 공동체 간에 논란이 있다. 사람 중심 언어가 더 나은가, 아니면 정체성 중심 언어가 더 나은가? 우리는 '장애가 있는 사람person with a disability'이라 말하는가, 아니면 '장애인disabled person'이라 말하는가? 절단인으로서 나는 이런 논쟁이 영 마음에 들지 않는다. '절단이 있는 사람person with an amputation'이라고 하면 마치 내게 무언가를 다시 붙이는 긴급한 치료가 필요한 것처럼 들리고, '절단된 사람amputated person'은 누군가의 몸에서 나를 잘라 낸 것처럼 들리며, '절단인인 사람amputee person'은 그냥 끔찍하다. '사람'이라는 의미가 기본적으로 포함된 '절단인amputee'이라고 하면 충분하다. 무엇보다 당사자가 원하는 대로 부르는 것이 중요하다. 다만 세심하게 배려하고 싶어 하는 비장애인들이 유념해야 할, 장애 용어를 둘러싼 기나긴 역사가 있다.

역사적으로 장애인은 '부적격자unfit', '병약자invalid', '불구자cripled', '핸디캡 있는 사람handicapped' 같은 말로 표현되었다. 이 말들의 의미는 모두 약간씩 다르다. 부적격자라는 말은 선천적이거나 유전적인, 또는 발달상의 장애를 포함하는 경향이 강하다. 병약자는 만성 질환자, 신체 장애인, 전쟁 부상자를 지칭할 가능성이 크다. 불구자라는 말은 대체로 이동에 영향을 미치는 장애를 가진 사람을 가리킨다. 마지막으로 핸디캡 있는 사람은 장애 때문에 제약을 받는 사람들을 두루뭉술하게 지칭하는 말이며, 상황에 따라 정신 장애와 신체 장애를 모두 포함한다. 미국에서 장애인을 언급한 많은 법에는 원래 핸디캡 있는 사람이라는 표현이 사용되었다. 현재는 '핸디캡'을 단순히 찾기/바꾸기 기능을 써서 '장애'와 맞바꾼 새로운 용어로 갱신되었다. 여기에는 장애인교육법처럼 현재도 효력이 있는 법들이 포함되는데, 이 법은 1975년부터 1990년까지 '핸디캡 있는 아동 교육법'으로 불렸다.

　핸디캡 있는 사람이라는 말은 이 용어를 주로 쓰던 시대에 자라난 나이 든 사람들 사이에서 여전히 돌고 있다. 하지만 이 용어는 적어도 두 가지 이유에서 시대에 뒤떨어진 말이 되었다. 이 용어를 침몰시킨 요인 하나는 핸디캡 있는 사람이라는 말에 흔히 따라오는 공격적인 어원인데(나는 아직도 가끔 사람들이 이것이 사실인 줄 알고 되풀이하는 소리를 듣는다), 핸디캡 있는 사람handicapped이라는 말이 거지가 돈을 달라고 모자를 내미는 행동, 즉 거저 달라고 요구하는 손hand과 모자cap에서 비롯되었다는 유언비어다.* 실제로 이 용어는 스포츠에서 나온 것이지만

---

* 17세기 무렵 가치가 서로 다른 물건을 교환할 때, 공정한 거래를 위해 중재자가 개입해 가치가 낮은 물건을 내놓는 사람에게 추가 부담금을 내게 했다. 이때 거래 당사자들은 손(hand)을 모자(cap) 안에(in) 넣어 감추었다가 동시에 꺼내면서 손 모양으로 추가금에 대한 동의 여부를 표시했고, 양쪽이 동의할 때만 거래가 성사되었다. 같은 맥락으로 19세기에 스포츠를 비롯한 여러 분야에서 대등한 경쟁 조건을 만들기 위해 기량이 월등히 뛰어난 쪽에 불리한 조건을 지게 했는데, 바로 이 불리한 조건을 뜻하는 용어가 핸디캡(handicap)이다.

장애라는 고정관념에 너무나 깔끔하게 들어맞았다. 하지만 편파적인 법과 교육 정책에 맞서는 사람들은 그 용어를 쓰지 않는 쪽을 선호했다.

그리하여 1970년대 장애인 권리 활동가들은 '핸디캡 있는 사람'이라는 말 대신에 '장애인'이라는 용어를 선택했다. 그들은 장애권리운동disability rights movement에 새로운 추진력을 불어넣었다. 개인적으로 나는 우리 지도자들과 영웅들이 선택한 '장애'라는 말을 좋아한다. 그리고 장애인 작가이자 활동가인 시미 린턴의 말에 공감한다. "처음에, 그러니까 장애인이 된 직후에는 나 자신을 뭐라고 불러야 할지 몰랐어요. 사람들이 흔히 쓰는 말은 핸디캡 있는 사람이었던 것 같아요. 하지만 나에게는 전혀 적용하고 싶지 않은 말이었죠. 그래서 나는 스스로 장애인 여성이라고 말하기 시작했어요. 그 말, 장애라는 말을 앞에 써서 말이죠. 그건 실재해요. 장애는 우리가 사는 세상에 있습니다."[10] 나아가 장애권리운동 지도자들의 언어는 핸디캡 있는 사람이라는 용어를 퇴역시키는 데 영향을 끼쳤다. 법률 언어는 입법을 논의하고 추진하며 로비하는 그 방에 누가 있는지에 따라 달라진다. 1973년의 재활법에는 '핸디캡 있는 사람'이라는 용어가 쓰였지만, 1990년의 미국장애인법은 '장애인'이라는 용어를 택했다. 이 법률은 장애인이라는 용어를 널리 퍼뜨렸고 대중의 의식에 영향을 미쳤다.

로런스 카터-롱은 접두사 dis-와 un-의 심오한 차이를 지적하며, '장애인disabled'이라는 말의 어원에 대하여 아름다운 글을 썼다. 그가 지적했듯 dis-abled장애가 있는는 un-able할 수 없는과 다르다. 그는 접두사 dis-가 '둘로 나뉜'이라는 뜻으로 쓰인 단어들을 예로 들었다. 2015년부터 인기를 얻은 페이스북 노트에 그는 다음과 같이 썼다.

> 둘로 나뉜다는 것은 말 그대로 '다른 방향으로, 따로 떨어져, 두 조각으로'라는 뜻이다. 접두사가 이런 의미로 사용된 완벽하게 훌륭한 단어로는 'discern분별하다', 'discuss의견을 나누다', 'dismiss떨쳐버리다', 'dissent이견을 가지다', 'distill정제하다' 등이 있다. 마찬가지로, disabled는 능력이나 다른 무언가의 결핍을 의미하지 않는다. 물론, 충분한 지식이 없는 사람이나 의도적으로 무례하게 구는 사람에게는 그렇지 않겠지만.

장애가 있다는 말은 결핍을 의미하는 것이 아니라, 다른 방향으로 나뉘어서 갈라진 능력ability, 즉 **다름**을 의미한다. (철학자 엘리자베스 반스의 관점에서 장애는 달라서 나쁜 게 아니라 그저 다를 뿐이다. 또한, dis-ability장애는 in-ability무능력가 아니라는 점도 강조한다.) 그런데 많은 사람이 장애라는 말 대신 '다른 능력을 갖춘differing abilities', '불리한 능력을 가진handicapabilities' 또는 접두사 dis-를 없앤 그 밖의 완곡한 표현을 기꺼이 쓰고 싶어 하는 것을 보니, 아무래도 저 접두사가 사람들을 불편하게 하나 보다. 로런스 카터-롱이 장애의 어원에 관하여 글을 쓴 것은 사회의 장애 의식을 바꾸기 위한 여러 활동 중 하나다. 그는 #그단어를말해#SayTheWord 캠페인을 펼치는 장애 옹호 단체의 회원인데, 이 해시태그 운동은 장애를 에둘러 표현하지 말라고 권한다. 두 차례 패럴림픽에 참가한 선수이자 학자인 안잘리 포버-프랫이 설명하듯 "이 운동은 모두가 '장애'라는 용어를 사용하도록 권장"한다.

나는 저 말이 우리 공동체에서 나왔다는 점이 좋다. 장애인 정체성의 일부로 '장애'라는 말을 되찾아오는 것은 현대 장애 권리운동의 핵심이다. 또 장애를 다른 말로 포장하거나 에둘러 표현하는 것이 사회에 얼마나 해를 끼치는지 알리는 의미도 있다. '핸디캡 있는'이라는 표현과 달리 '장애'라는 말은 정치 공동체를 작동시킨다. 생명윤리학자 로즈메리 갈런드-톰슨은 장애를 정체성의 한 범주로 보게 되면서 자신에게 일어난 변화에 대해 "달라진 것은 나의 몸이 아니라 의식이다"라고 《뉴욕타임스》에 썼다. 장애 공동체가 지적하는 바와 같이 '다른 능력을 가진' 같은 완곡한 표현은 장애의 현실을 가리고(어떤 장애인은 어떤 일을 특정 방식으로 해낼 수 없지만, 그래도 괜찮다), 장애인 정체성과 자부심에 반한다(자신이 장애인이라고 말할 수도

2장 방향 전환

없는데, 운동에 자부심을 느끼기는 쉽지 않다). 완곡한 표현 대신에 '장애'라는 말을 사용해야 하는 현실적인 이유가 또 있다. 용어를 공유하면 우리가 서로를, 그리고 우리에게 필요한 것을 찾기가 쉽다. 장애 공동체, 의료적 요구, 치료법 등을 검색해서 찾을 수 있게 된다는 것은 중요한 일이다. 에둘러 표현한 말을 사용하면 찾아내기가 훨씬 어렵다!

　장애 공동체에는 사람 중심 언어를 선호하는 집단과 정체성 중심 언어를 선호하는 집단이 있다. 답답하고 완곡한 표현으로 빙빙 돌려 말하지 말고 '장애'라는 용어를 직접적으로 쓰라고 권하는 #그단어를말해 캠페인은 이 두 그룹을 하나로 묶고자 한다. 사람 중심 언어는 문장 구성상 장애보다 사람에 중점을 둔다. 예를 들면 '장애인'보다는 '장애를 가진 사람' 같은 표현을 선호하는데, 주로 지적장애 공동체가 그렇다. 이와 달리 농인Deaf* 단체, 맹인 단체, 성인 자폐인 공동체 등 다수의 공동체는 정체성 중심 언어인 '장애인'을 선호한다. #그단어를말해 캠페인은 이 논쟁에 휴전을 권한다. 이는 어떤 공동체나 개인에게 한 가지 호칭을 강요하려는 것이 아니라, 명확하고 특정한 용어를 사용하는 일이 중요함을 설파하는 것이다. '장애인'은 부끄러움을 느껴야 하는 꼬리표나 끔찍한 운명이 아니라,

---

* 농인, Deaf라는 표현에 대해서는 4장을 참조하라.

가치중립적인 용어, 자부심과 정체성의 용어이기 때문이다.

절단인으로서 나는 정체성 중심 해석을 훨씬 더 좋아한다. '절단이 있는 사람'은 마치 내가 금방이라도 피를 흘릴 것처럼 들린다. 그렇다고 구급차를 부르지는 마시라. 나는 이미 절단 수술을 받은 장애인이다! 또한, 내가 가진 많은 장애를 나열하는 일은 언어적으로도 불편하다. "나는 장애인이다"라고 하면 모든 것이 포함된다. "나는 절단이 있고, 크론병이 있고, 이명이 있어 잘 못 듣고, 항암치료로 인한 인지장애가 있다"고 말하는 것은 너무 길다. 실제로 장애인 대부분은 단 하나의 장애만 가진 게 아니다. 나는 암 치료로 말미암아 세 가지 장애가 생겼고, 지금 한 가지 장애만 가진 사람이라도 결국 다른 질환이 생길 확률이 매우 높다(예를 들면 자폐인에게는 높은 확률로 소화기 계통 문제가 생긴다). 충격적인 사건 하나가 신체 장애와 정신 장애를 모두 유발하기도 하며, 장애인이 되었다는 사실 그 자체로 만성적인 차별과 무시로 인한 문제를 겪을 위험이 커진다.

장애인들이 좋아하는 장애 표현 용어가 하나 더 있다. '불구자cripple'에서 나온 '불구crip, 크립'라는 말이다. '불구자'는 장애인을 경멸적으로 부르는 용어다. 그런데 장애인들은 이 '불구'라는 말을 '되찾고자' 하는 운동을 벌인다. LGBTQIA2S+** 공동

** 다양한 성 정체성을 가리키는 단어들의 머리글자를 모은 것으로, 넓은 범위의 성 소수자를 통칭하는 용어.

체가 '퀴어queer, 이상한'라는 말을 되찾으려 하는 것과 같은 맥락
이다. 블로그 이름을 예로 들 수 있는데, 빌 피스의 배드 크리
플The Bad Cripple, 카린 히셀버거의 클레이밍 크립Claiming Crip, 잉그
리드 티셔의 테일즈 프롬 더 크립Tales from the Crip 등 많은 사례가
있다. 또 오바마 가족이 공동 제작한 2020년 영화 〈크립 캠프
Crip Camp〉에서도 확인할 수 있다. '퀴어'처럼 '크립'도 동사로 쓰
이기도 하며, 때로 비장애중심주의적 관념과 구조를 무너뜨리
고 방향을 재설정하는 과정을 표현하는 데 사용된다. 흑인 장
애인 예술가 단체인 크립합네이션Krip-Hop Nation처럼 c 대신 k를
쓰기도 한다. 이 단체에는 키스 존스와 르로이 무어 주니어 같
은 유명인도 있는데, 무어는 2000년대 초부터 '크립합Krip-Hop'
이라는 용어를 사용해 왔다.

   장애인 정치 활동가 앨리스 웡, 앤드루 펄랭, 그레그 버라탄
역시 '크립'을 택했다. 이들은 장애인의 투표와 정치 참여를 독
려하는 초당파적 캠페인에 #크립더보트#CripTheVote라는 이름을
붙였다. 그리고 이런 해시태그를 선택한 이유를 똑 부러지게
설명한다.[11] "장애를 가진 사람들이 '불구'나 '절름발이'라는 말
을 선택해 사용하는 것은, 이전에는 치욕적이었던 말을 자부
심의 상징으로 '회복'함으로써 권한을 부여하는 의식적인 행동
이다." 20여 년 전 '퀴어'라는 말처럼, '불구'라는 말도 아직 보
편적으로 자리 잡지는 않았다. 하지만 장애인들이 자신을, 자

기 공동체를, 그리고 자신들이 세상을 헤쳐 나가는 방식, 즉 '절름거리며 살아가는' 방식을 표현하는 용어로 삼기에 알맞은 말이다.

장애인은 다양하고 거대한 집단인 만큼 장애를 표현하는 언어를 두고 모두가 합의에 이르지는 않을 것이다. 괜찮다. 이것은 건강하고 당연한 현상이다. 중요한 것은, 명백히 장애인이 (절름거리며) 주도하고, 장애인의 자부심과 힘을 전달하기 위해 만든 최근의 예술·문화·비평에 장애를 둘러싸고 변화하는 언어가 반영되고 있다는 사실이다. 캘리포니아대학교 버클리캠퍼스의 폴롱모어장애인협회는 장애 역사에 관한 흥미로운 전시를 주관한 적이 있다. 전시 제목이 〈더는 환자가 아니다〉였는데, 장애인은 환자 그 이상의 존재이자(실제로도 언제나 환자인 것은 아니다!) 의료적 관심 대상 이상의 존재임을 장애인들에게 강렬하게 일깨우는 전시였다. 장애권리운동과 장애의 사회적 모델은 장애인을 의료 영역(장애 '문제'를 해결하기 위한 진단과 처치)의 수동적 대상으로 바라보는 환자 전용 모델을 전복했다. 이제 우리에게는 힘이 있다. 우리는 사회에서 우리의 역할, 진료실 너머 우리의 삶, 세상에서 번영하는 우리의 모습, 우리 공동체와 문화 등 우리가 원하는 것에 관해 이야기할 수 있다. 우리는 장애 차별적 규범에 맞서는 저항의 언어, 우리의 공동체·역사·연대의 자부심을 드러내는 언어를 사용할 수 있다.

해리엇 맥브라이드 존슨의 소설 《자연이라는 우연Accidents of Nature》에, 젊은 장애 여성 진과 사라가 여름 장애 캠프에서 이야기를 나누는 장면이 있다. 진은 수영 후 샤워를 도와줄 사람을 기다리고 있고, 호수에 들어가지 않아서 샤워할 필요가 없었던 사라는 간이침대에 앉아 진이 집에서 가져온 스크랩북을 훑어보고 있다. 스크랩북은 진의 이야기가 실린 지역 신문 기사를 모은 것이었다. 사라는 또 다른 소녀 마지에게 기사를 읽어준다. "크로스타운의 불구아, 불꽃 퍼레이드를 이끌다…… 우등생이 되다…… 상을 받다…… 포스터 아동(스크랩북에는 자선 기금 마련을 위한 TV 방송 홍보 전단이 있었는데, 진이 바로 그 포스터 속 아이였다)." 그리고 "크로스타운의 소녀, 걷는 법을 배우다"라는 제목이 붙은 기사도 있다. 그 기사에는 진이 물리치료를 받고, 수술을 받고, 다리에 부목을 대던 수년간의 이야기가 담겨 있다. 사라는 그 모든 내용을 큰 소리로 읽고 나서 진에게 말한다.

재밌네. 치료사며 선생님이며 친척들이며, 다들 걷는 게 정말 멋지다고 생각하잖아. 뭐, 우리도 그걸 의심하지 않고. 걷는 게 그만한 가치가 없다면 그것 때문에 우릴 고문하지는 않을 테니까. 그렇게 믿고, 마침내 두 다리로 일어서고, 주춤주춤 몇 발짝 걸음을 걷고, 아 미안, 내 말은, 아주 용기 있고 단호한 걸음을 걷고, 그러면 카메라 플래시가 터지고, 모든 사람이 감명을 받지. 근데 그러고 나면

넌 걷는다는 게 이쪽에서 저쪽으로 이동하는 아주 형편없는 방법이라는 걸 알게 될 거야. 네가 자랄수록 상황은 더 나빠져. 넘어지기라도 하면 갈 길은 더 멀어지고. 스스로 생각하기 시작할 때가 되면, 넌 이제 휠체어가 더 좋은 이동 방법이라는 걸 깨닫게 되지.

마지는 휠체어가 멋지다고 말하고는 사라의 휠체어를 가지고 논다. 사라는 물리치료를 받았던 경험을 이야기하며, 자기 다리는 너무 약해서 누구도 자신에게 걷기 위해 더욱더 노력하라고 강요할 수 없었음에 안도를 표한다.

이런 종류의 이야기를 실제로 보고 듣는 일은 하늘의 별 따기나 마찬가지다. 대중 매체나 주변 사람들의 대화에서 정상화를 목표로 하지 않는 장애 서술은 정말이지 찾아보기 어렵다. 사람은 과학기술을 이용해서라도 걷거나 서야만 하는 존재라고 이야기하는 사례는 많아도, 장애가 있는 상태로도 괜찮다는 주장이나 대화는 거의 접할 수 없다. 잠깐 앉아서 생각해 보자. 기술과 장애를 다룬 많은 이야기에서, 과학기술은 장애인을 정상인으로 만드는, 장애를 '극복하도록' 해 주는, 장애인을 구원하는 힘을 가진 것으로 표현된다. 그 이야기들은 과학기술에 힘입은 '더 나은' 삶을 보여 주는데, 여기서 더 낫다는 말은 사람들이 세상을 살아가는 아주 특정한 방식을 의미한다. 그러나 기술이 매번 우리를 더 낫게 해 주지는 않는다.

2장 방향 전환

실제로 **더 낫다**는 개념은 장애인들의 욕구가 아니라 장애 차별적 규범에 근거한 것이다. 때로 그 '해결책'은 너무 고통스럽거나 너무 오래 걸리는데, 그렇게 도달한 더 나은 상태가 순간으로 끝날 때도 있다. "크로스타운의 소녀, 걷는 법을 배우다"라는 기사 제목에 포착된 그 영광의 순간은 잠깐이었다. 사라, 마지와 함께한 여름 캠프에서 진은 휠체어를 타고 있었다.

장애인은 최대한 '정상적'이고자 늘 분투해야 하며, 걷기 위해 노력해야 한다는 그런 관점에 문제가 있음을, 진은 깨닫기 시작한다. 그녀는 조용히 생각해 본다. "부모님은 잠깐의 승리를 기념하려고 나에 관한 기사들을 모아 두었다. 그 기사는 나의 유일한 진짜 실패, 우리 중 누구도 말하고 싶어 하지 않는 실망을 영원히 상기시키면서 여러 해 동안 내 스크랩북에 남아 있다."

장애와 기술을 이야기하고 보여 주는 방식은 장애인들이 치료와 기술, 삶에 관해 어떻게 생각해야 하는지에 대하여 비장애인들이 기대하는 바를 담고 있다. 장애를 가진 몸과 마음(장애학에서는 몸마음bodymind이라는 표현을 쓴다)은 고치고, 조정하고, 특정 방식의 보살핌을 받아야 한다는 기대가 있다. 그러나 대중이 상상하는 이런 기대가 장애인들의 주된 경험과 욕망이었던 적은 거의 없다. 장애인에게 무엇이 효과가 있고 없는지,

기술과 장애에 어떻게 접근해야 바람직한지 같은 장애 전문
지식을 사람들은 거의 모른다. 분명코 장애인 대부분은 과학
기술을 싫어하지 않는다. 하지만 우리 다수는, 과학기술을 유
능한 구원자로 묘사하는 해묵은 표현과 우리에게 필요한 것을
비장애인의 느낌에 기대어 수사적이고 감상적으로 묘사하는
행태를 아주 싫어한다.

3장

각본 속

장애

장애인이 '정상적으로' 고쳐져야 한다거나,
장애를 극복하는 감동적인 모습을 보여 주어야 한다거나,
시혜받을 자격이 있어야 한다는 따위의 사회적 압력을 전복하라.
중요한 쟁점과 문제를 규정하는 일에서,
한 걸음 성큼 장애인 편에 서라.

패럴림픽 선수이자 시인인 린 매닝은 시각장애인 흑인 남성으로, 〈마법 지팡이〉라는 시에 장애 고정관념을 아주 잘 담아냈다. 이 시에서 매닝은 자신이 시각장애인임을 드러내는 흰 지팡이를 펼치기 전과 후에 주변 사람들이 생각하는 그의 인상이 어떻게 달라지는지 이야기한다. 키 큰 흑인 남성으로서 매닝은 이미 그의 성격과 인생이 이러저러할 거라는 편견 어린 시선을 감당하고 있다. 사람들은 그가 농구를 아주 잘하거나, 극악무도한 범죄자 아니면 매춘 알선업자이거나, 그도 아니면 공적 자금으로 부자가 된 사람('복지기금 수혜자'라는 말도 안 되는 고정관념으로, 1990년대에 생겼다)일 것으로 생각한다. (참고로 기초장애연금이나 다른 장애 복지 지원을 받으려면 장애인으로 인정

3장 각본 속 장애

받아 지원 대상자 목록에 올라야 하는데, 이건 정말이지 어려운 일이다. 장애인들은 자신에게 정말로 장애가 있는지, 그런 지원을 받을 자격이 있는지를 증명하는 수많은 자료를 제출해야 한다. 이 까다로운 절차 때문에 실제로 지원이 필요한 많은 사람이 지원받지 못하고 있는 것이 현실이다. 더군다나 장애 지원금은 턱없이 부족한 액수여서 그것으로 먹고살기란 거의 불가능하며, 신청하고 결과가 나오고 탈락에 항소하는 데 몇 년씩 걸리기도 한다.) 그러다 매닝이 흰 지팡이를 펼친다. 시각장애인들이 길을 찾을 때 사용하는 흰 지팡이는 다른 사람들에게 장애를 표시하는 역할도 한다. 흰 지팡이에 붉은 띠가 있으면 그것은 그 사람이 시청각장애인이라는 뜻이다. 매닝이 지팡이를 펼치면 이제 사람들은 그를 흑인 남성이 아니라 **시각장애인** 흑인 남성으로 바라본다. 그 시선에는 완전히 새로운 세트의 고정관념과 기대가 담긴다. 음악적 재능이 특출나고, 피아노를 잘 칠 것이며, 특별히 현명하고, 어릴 적엔 아무도 원치 않았던 아이로 동정받았고, 주변 사람들에게 부담이었을 거라는……. 시각장애인 흑인 남성이 피아노를 잘 친 적이 없었다는 말이 아니다. 이런 고정관념이 존재하는 이유는 부분적으로 레이 찰스와 스티비 원더가 거의 유일하게 대중 매체에 나온 시각장애인 흑인 남성의 대변인 격이기 때문이다.

이쯤에서 장애인들을 대변하는 방식의 다양성이 얼마나 부족한지 짚고 넘어가야겠다. 특히 어떤 고정관념이나 서사에

들어맞지 않는 장애인은 잘 보이지 않는다는 것도 이야기해야 겠다. 또 장애에 관한 고정관념이 피부색, 성별, 성적 지향성에 관한 판단과 어떻게 얽혀 있는지도 생각해 보자. 장애인을 대변하는(조금이라도 대변된다면) 사람은 거의 모두가 백인 장애인을 대변한다. 돔 에번스와 애시틴 로는 수년간 TV에 장애인이 표현된 사례를 추적하여 장애 묘사에 관한 보고서를 썼다. 필름-디스filmdis.org라고 이름 붙인 이 프로젝트를 통해 그들이 지적한 바와 같이, 장애가 있는 인물이 화면에 등장할 때 대개는 비장애인 작가들이 장애인을 묘사하고 비장애인 배우들이 장애인을 연기한다. 그래서 예능 프로그램에서 장애를 볼 때조차도 고정관념은 사라지지 않고 남아 있는 경향이 있다.

이런 고정관념은 매체에 반복해서 등장하는 '수사적 표현'을 통해 흔히 드러난다. 이런 현상은 예능과 뉴스 매체뿐 아니라 과학, 공학, 의학, 교육 분야에서도 마찬가지이며 문학, 영화, TV 비평에도 수사적 표현이 등장한다. ('동성애자를 묻어라'* 또는 '원수에서 연인으로'** 같은 클리셰를 들어 봤을 것이다. 이런 수사는 이야기 구조를 조직하고 앞으로 일어날 일에 대한 관객의 기대를 설정하는 서사적 도구다.)

---

* 극 중에서 동성애자가 다른 인물보다 먼저 희생되거나 비극적인 죽음을 맞는 전개. 그러니 동성애 성향을 감추라는 의미로도 쓰인다.

** 극 중에서 두 인물이 적으로 시작해 로맨틱한 관계로 끝나는 전개.

3장 각본 속 장애

어떤 수사적 표현은 이상한 방식으로 구체적이다. 장애를 소재로 한 이야기를 들여다보면 거기에는 다섯 가지 주요 수사 기법이 있다. 장애인은 불쌍한 괴물, 거지와 사기꾼, 분노에 찬 불구, 부끄러운 죄인, 영감을 주는 극복자로 표현되곤 한다. 장애인의 삶에 관한 이토록 친숙한 이야기 구조는 책, 영화, 소셜 미디어에 유행하는 밈, 뉴스 등 모든 종류의 매체에서 자주 반복된다. 이런 비유는 사람들이 장애인이 겪는 일이라고 여기는, 제한적이고 부정확한 준거틀frame of reference이자 고정관념이다. 장애인이 진짜로 말하고자 하는 것이 세상에 만연한 이야기와 다를 때, 사람들은 고정관념에 사로잡혀 장애인의 말을 경청하지 않게 된다.

그런 수사적 표현을 하나씩 살펴보자.

불쌍한 괴물

불쌍한 괴물이라는 비유는 모든 종류의 매체에 등장한다. 이 표현은 과거에 서커스 등에서 기형인 사람이나 특이한 동물을 전시하던 프릭쇼freak show의 역사와 결부되어 있다. 좀 더 일반적으로는 해부학 전시와도 닿아 있다. 그리고 덜 노골적인 방식으로(하지만 좀 더 치명적으로) 많은 자선 캠페인의 마케팅을 뒷받침한다. 불쌍한 괴물 서사에서 장애인은 호기심을 불러일으키는 의학적 관심의 대상 아니면 동정과 자선의 대상이 된다. 미국에서는 고등학교 졸업 파티 시즌만 되면 장애가 있는 동급생을 무도회에 데려가는 학생의 다정하고 영웅적인 행동을 다룬 뉴스 기사들이 나온다. 물론 장애인과 데이트하거나 춤추는 일에는 잘못이 없다. 하지만 이런 뉴스가 말하고자 하는 것은 따로 있다. 흔히 '훈훈한' 뉴스라고 여기는 이런 이야기들에서 장애인은 동정의 대상, 다른 사람이 뿌듯함을 느끼게 하는 행위의 대상이 된다. 누군가 당신에게 데이트를 신청했다고 해서 뉴스에 오르내리는, 그런 사람이 되는 것이 상상이나 되는가? 데이트하러 또는 무도회에 가는 장애인을 뉴스로 다루는 것은 연애에 관심을 가지고 데이트할 수 있는 사람은 따로 있다는 비인간적인 가정에 기초한 행위다.

장애인을 불쌍한 괴물에 비유한 표현은 자선 캠페인 전반에 걸쳐 등장한다. 대표적인 예로 '나는 자폐입니다'라는 악명 높은 광고를 들 수 있다(비자폐인이 주도하는 단체인 오티즘스픽스가 내놓은 광고인데, 오티즘스픽스는 많은 성인 자폐인과 협력자들이 비판하는 단체다). 이 광고를 내보낸 단체의 기금 모금자들은 자폐를 세상에 해로운 것으로 묘사한다. 자폐인과 주변 사람들에게 끔찍한 운명을 초래하여 가족을 파멸로 몰아가는 무언가로 말이다. 여기에 이용되는 '불쌍한 괴물' 비유는, 사람들이 자폐인을 동정해야 하고 자폐라는 '문제'를 해결하기 위해 동정심에 따라 행동해야 한다고 부추기는 도구다. 자폐를 옹호하는 사람들은, 이런 식의 광고들이 자폐를 부정적으로 바라보게 하고, 대중이 자폐를 올바로 이해하는 데 방해가 될뿐더러, 이런 수사적 표현을 써서 모금한 돈으로 행하는 선행은 자선 단체의 취지를 한참 벗어나는 것이라고 주장한다.

이러한 비유는 코미디언 제리 루이스가 출연한 근이영양증협회의 기금 모금 TV 방송에서 오랫동안 사용되었다. 특정 질병이나 문제를 가진 아동을 돕자고 호소하는 포스터에 등장하는 아이들을 일컫는 포스터 아동poster child이라는 용어의 출처가 바로 이 방송이다. 그 말이 생기기 전에는 '제리의 아이들'이라고 했는데, 실제 모금 방송에서 제리 루이스는 근이영양증에 걸린 아이가 맞이할 끔찍한 운명에 대해 열정적으로 이야기했다. 이러한 모금 방송의 바탕에 깔린 불쌍한 괴물이라는 비유는 사람들이 장애인을 바라보는 시선에 깊이 영향을 미쳤다. 심지어 장애인의 삶이 어떻게 끝날 것인지에 관한 생각에도 영향을 미쳤는데, 해리엇 맥브라이드 존슨은 네 살 때 이 모금 방송을 시청하다가 자기가 젊은 나이에 죽을 운명임을 알게 됐다. 그래서 그녀의 회고록 제목은 《젊어서 죽기엔 너무 늦은》*이 되었다.

---

* Too Late to Die Young: Nearly True Tales from a Life

거지와 사기꾼

거저 얻어먹는 거지와 사기꾼이라는 비유는 장애수당이나 공공시설accommodation, 합리적으로 변경된 시설에 관한 보도에 등장한다. 이때 장애인은 종종 '자격'이 없는데도 보조금을 얻으려고 속임수를 쓰고 거짓말을 하는 사람으로 표현된다. 미국장애인법에 따라 서비스나 공간을 이용할 권리를 얻으려고 소송하는 사람에 관한 기사는 거의 모두 장애인이 기업을 괴롭히거나 제도를 속이려는 것으로 묘사한다.

이런 비유는 흔히 밈 형태로 표현된다. 예를 들면 누군가가 퉁명스러운 표정의 윙카** 밈 템플릿을 활용해서 "아이고, 저런…… 장애수당을 받으려 하고 있군. 난 게으름이 장애라고 생각하지 않아"라는 문구를 적어 놓는 식이다. 사실, 장애 보조금을 받기는 정말이지 어려운데, 그 이유는 시스템을 의도적으로 어렵게 만들었기 때문이고, 여기에는 사람들이 부정행위를 한다는 전제가 깔려 있다. 장애 보조금과 합리적으로 변경된 시설을 찾는 사람들은 흔히 거저 얻으려 하는 거지처럼 취급받는다(마치 만성 통증 때문에 의사에게 약을 처방해 달라는 사람을 약 중독자 취급하는 것과 같다). 장애 보조금을 신청하는 사람들은

** 로알드 달의 동화 《찰리와 초콜릿 공장》에 나오는 초콜릿 공장 주인.

3장 각본 속 장애

대부분 실제로 거절당하고, 몇 번이고 다시 시도해야 한다. 이 시스템에는 실제로 부정행위가 거의 발생하지 않는데도, 수사적 표현에 담긴 억측 때문에 정작 사람들은 일하고 참여하고 생존하는 데 필요한 것을 얻지 못한다.

이런 틀에 박힌 비유 때문에 장애인이 뭔가를 조금이라도 변경하거나 특정 공공시설을 이용하려고 하면 면밀한 조사를 당한다. "그게 정말로 필요해요?"라는 질문은 장애 상태에 기복이 있거나 진단이 불분명해서 휠체어나 지팡이를 잠깐잠깐 사용하는 사람들을 괴롭힌다. 많은 사람이 장애인에게는 휠체어나 지팡이가 온종일 필요할 것으로 생각하는 탓이다. 하지만 주차장에서 잠시 **걸을 수** 있다 한들 하루나 일주일 내내 아무것도 할 수 없다면 그게 다 무슨 소용이겠는가? 그런 사람들을 범죄자 다루듯 심문하지 말고 그 망할 휠체어를 그냥 원하는 대로 사용하도록 내버려두시라. 내 주변에는 증빙 서류와 장애인 표시 카드가 있는데도 장애인 주차 구역을 이용하지 않으려는 친구들이 있다. 자신들이 전형적인 장애인의 '모습'이 아니라는 이유로 모르는 사람들에게 추궁당하거나 공격받는 것이 두렵기 때문이다.

장애인을 거지와 사기꾼에 빗댄 표현은 누군가에게 유용할지도 모르는 기술을 애초에 이용하지 못하게 한다. 그런 표현 때문에 의사들은 장애인이 보조 기구에 '의존하게' 될 거라 넘겨짚고, 그 사람에게 도움이 될지도 모르는 보조 기구 처방을 꺼리게 된다. 이것은 장애인이 장애인임을 증명하는 서류를 얻기 위해 믿을 수 없을 만큼 많은 장애물을 넘어야 한다는 뜻이다. 또 이것은 의료적 사생활 침해로 이어진다. 한 예로, 내가 강의하는 대학의 인사과는 일반인이 회사에 제출해야 하는 것보다 훨씬 더 많은 건강 정보를 나에게 요구한다. 거지와 사기꾼이라는 이 뿌리 깊은 비유 때문에 받은 피해에 관해서라면 나는 끝도 없이 이야기할 수 있다.

분노에 찬 불구

분노에 찬 불구라는 수사적 표현은 주류 미디어에서 매우 뚜렷하게 보인다. 영화 〈포레스트 검프〉의 댄 중위와 〈피터 팬〉에 나오는 후크 선장 같은 인물을 생각해 보라. 영화 속에서 '분노에 찬 불구'로 표현된 인물은 너무 전형적이어서 반전이 짐작될 정도다. 어떤 등장인물이 손 절단인이거나 얼굴에 뚜렷한 흉터라든지 다른 외형적 차이가 있다면, 관객들은 그들이 뜻밖의 악당일 거라는 사실을 즉시 알아차린다. 이처럼 겉으로 드러난 장애는 때로 내면의 도덕적 장애나 성격 장애를 암시하는 장치로 쓰이기도 한다. 어떨 때는 장애가 흉악함을 보여 주는 장치가 아니라 그 인물이 흉악해진 원인으로 지목

되는 것 같기도 하다. 아예 장애 **때문에** 그 인물의 심사가 뒤틀린 것으로 가정하기도 한다. 이 그릇된 비유 때문에 우리는 장애인의 접근성 문제나 사회적으로 배제당하는 문제에 관해 이의를 제기하기가 어렵다. 우리의 정당한 요구가 그저 분노에 차서 악다구니를 쓰는 것으로 무시되기 쉽기 때문이다. 이런 현상은 사회적 문제를 호소하는 우리의 목소리에 비장애인들이 귀를 닫게 만든다.

나는 이 수사적 표현을 직접 마주한 적이 있고, 다른 사람에게 투사되는 것을 본 적도 있다. 사람들은 장애인이 긍정적인 태도를 지니지 않아서 장애 '극복'에 실패한 것으로 여기거나 (심지어 장애인 단체 안에서도 그렇게 생각하는 사람들이 있다), 장애인이기 때문에 지나치게 전투적인 것으로 치부한다. 나는 운 좋게도 다른 장애인들과 함께 일하는데, 우리 중에는 빌 피스처럼 정당한 분노를 표출하는 '못된 불구들'*도 있다. 내가 참석해 온 회의에서는, 장애인 단체 사람들이 거침없이 말하고 비장애인들이 원하는 만큼 차분하게 의견을 제시하지 않았다는 이유로 다시 초대받지 못하거나, 우리가 한 말은 무시하면서 높으신 분들이 우리 공동체의 의견을 들었다는 이유로 자

---

* 빌 피스는 장애 운동에 공헌한 교수다. '장애인으로 살기보다 죽는 게 낫다'는 생각에서 나온 조력자살에 반대하는 운동에 헌신하며 《못된 불구(The Bad Cripple)》라는 책을 출간하고, 같은 이름의 블로그를 운영했다.

화자찬하는 경우가 있었다. 사람들은 흔히 장애인들이 고마워하지 않거나 예의를 지키지 않아서 우리 의견이나 전문 지식이 무시당하는 거라고 여긴다. 사람들은 장애인이 소통하는 방식을 비판한다. 우리가 수많은 불평등과 접근성 문제를 겪은 뒤, 참다못해 무뚝뚝함이나 좌절, 분노를 품은 채 말할 때의 그 방식을 말이다. 그러고는 의식적으로든 무의식적으로든 '분노에 찬 불구'라는 수사적 표현에 기대어 장애인의 의견을 무시하고 실제 공동체의 사안을 일축해 버린다. 또한, 이 수사적 어구는 장애인이 공평하게 대우받으려면 말투와 표현 방식을 바꿔서 착한 불구가 되어야만 한다는 의미를 품고 있다. 이것은 장애인뿐 아니라 다른 사회적 소수자들에게도 해당하는데, 흑인 여성들에게 특히 그렇다. 더욱이 장애인 흑인 여성들은 어떤 사안을 말하거나 의견을 낼 때, 심지어 어떤 상황을 단순히 설명할 때조차 엄격한 난관에 부닥친다.

부끄러운 죄인

부끄러운 죄인은 장애아의 어머니 또는 장애인 당사자가 지은 죄에 대한 처벌이나 속죄의 뜻으로 장애를 규정하는 오래된 수사적 표현이다. 또 이 비유에는 장애가 주변 사람들을 교화하고 인간답게 만들기 위해 의도된 '시험대'라는 생각이 깔려 있다. 이런 생각은 장애아의 부모 이야기에서 특히 두드러지는데, "우린 장애가 있는 아이를 키우는 게 비극이 될 줄 알았어요. 하지만 놀랍게도, 우린 정말 우리 아이를 사랑한다는 걸 알았죠! 우린 어쩌면 지상으로 내려온 천사들이 아닐까요?" 같은 이야기가 거의 빠지지 않는다. 그런 이야기에서 장애아는 부모를 도덕적으로 구원하는 계기로 작용한다.

부끄러운 죄인이라는 비유의 일차적인 버전은 보건과 건강에 관한 많은 보도에서 볼 수 있다. 그런 보도는 장애 또는 건강 문제가 있는 사람들을 탓하고(설탕을 먹지 말았어야지! 채식을 했어야지! 더 많이 운동했어야지!), 그들이 '생활습관병'에 걸렸다는 이유로 적절한 의학적 접근과 치료를 허락하지 않는다. 이런 편견은 폐암을 대하는 태도에서 드러나고(폐암 진단을 받으면 사람들은 담배를 피웠냐고 묻고 싶어 한다), 한때 (그리고 어떤 공동체에서는 아직도) 에이즈를 말 그대로 동성애나 약물 남용에 대한 신의 심판으로 묘사한 데서 드러나며, 지금은 코로나19 장기 후유증long Covid을 둘러싸고 나타난다(기저 질환이 있었나요?). 같은 맥락으로, 자폐에 관한 이론 중 지금은 틀렸다고 인정된 '냉장고 어머니 이론'은 엄마가 너무 냉담하게 대해서 아이에게 자폐성이 생겼다고 엄마를 비난했다. 이 이론에 따르면 자폐성 장애는 엄마의 죗값이 아이에게 나타난 것으로, 엄마의 정서적 결함에 대한 처벌이었다.

영감을 주는 극복자

영감을 주는 극복자로 장애인을 묘사하는 표현은 대중 매체에 가장 흔한 것으로, 장애인의 삶과 능력을 정상화해야 한다는 대중의 기대에 깊이 영향을 미친다. 이런 생각은 장애인과 기술의 관계에 엮여 있다. 명백히 악의적인 앞의 네 가지 수사적 어구와 비교하면 이번 표현은 별로 그렇지 않은 것 같지만, 실제로는 매한가지다. 장애 공동체에서는 영감을 주는 극복자 이야기를 종종 '감동 포르노'라 부른다. 이 같은 수사는 달리기 경주용 의족을 한 절단장애인과 그 밖에 다른 운동선수처럼 보이는 장애인에 관한 수백만 가지 밈에서 볼 수 있는데, 그런 밈에는 "인생의 유일한 장애는 부정적인 태도다" 같은 문구가 달려 있다.

이 수사적 표현에 담긴 뜻은, 우리가 올바른 장애인이 되기 위해서 최선을 다해 우리의 몸이나 마음과 끊임없이 싸워야 한다는 것이다. 우리는 제대로 된 개개인이 되기 위해 우리 집단의 동질감이나 공동체의 정체성을 저버려야 한다. 감동 포르노는 장애인을 타인에게 감동을 주기 위한 대상으로 삼는다. 우리가 비장애인에게 동기를 부여하거나 그들을 기분 좋게 하기 위한 구경거리가 되어야 한다는 얘기다.

장애에 관한 다른 수사적 표현들은 수치심을 유발하고, 동정심을 불러일으키고, 경찰의 치안 유지 활동을 정당화하는 등의 목적으로 이용된다. 영감을 주는 극복자(대개는 백인 장애인이 등장한다)라는 비유는 다른 수사적 어구들의 효과를 강화하여 우리 사회의 각본을 구성한다. 대체로 어떤 사람이 빈대 붙는 거지와 사기꾼으로 규정되고, 또 어떤 사람이 영감을 주는 극복자로 연출될까? 백인 장애인 이야기(특히 감동 포르노 종류)는 유색인 장애인 이야기보다 훨씬 더 많이 방송된다. 여성학·장애학 교수인 새미 샬크와 흑인 여성 장애 운동가인 빌리사 톰슨이 지적한 바와 같이, 백인 특권은 장애인 이야기에 구석구석 스며들어 있다. 감동 포르노의 백인 장애인 비평조차 백인 특권에 의해 가능하다. 톰슨은 다음과 같이 말한다.

나는 감동 포르노를 극도로 경멸하지만, 흑인(그리고 다른 유색인) 장애인 소녀와 여성들의 성취를 지지하고 그 경험을 중요하게 생각한다. 그런데 감동을 고취하려 하지 않고 긍정적인 관점으로 우리를 그려 내는 이야기를 고르는 것은 나에게 '사치'다. 왜 그럴까? 우리 이야기는 백인 장애인이 등장하는 이야기와 동등한 수준으로 주목과 인정을 받지 못하기 때문이다.

샬크 역시 감동 포르노를 분석할 때 이런 이야기가 만들어지고 수용되는 방식에 영향을 미치는 문화적 규범과 인종적 역학을 고려해야 한다고 지적한다.

감동 포르노는 대개 장애인들이 인도주의적 과학기술자와 치료사의 도움을 받아서 자신의 몸이나 마음 상태를 적절하게 극복하는 기술을 찾는 이야기를 보여 준다. 그리고 이 과정에서 과학과 의학 그리고 장애인 개개인을 위한 특정한(종종 도달할 수 없는) 목표를 제시한다. 그런데 이게 왜 나쁠까? 우선 '극복' 서사는 장애인 개인이 올바르고 단호하며 긍정적인 태도를 가지면 접근성이라는 구조적 문제가 극복되는 것처럼 착각하게 만들기 때문이다. 이런 생각은 신체 건강한 사람들이 접근성을 개선하는 데 기여하도록 이끌기보다 반대로 그들의 책임을 면해 준다. 스텔라 영*은 테드 강연에서 다음과 같이 멋지게 말했다.

"인생의 유일한 장애는 부정적인 태도다"라는 말이 헛소리인 이유는 그것이 사실이 아니어서이고, 그 말이 사실이 아닌 이유는 장애의 사회적 모델이 잘 설명해 줍니다. 계단을 바라보며 아무리 많이 웃어 주어도 그 계단은 절대 경사로로 바뀌지 않습니다. TV 화면에 대고 아무리 미소 지어도 청각장애인을 위한 자막이 나타나지는 않을 겁니다. 서점 한가운데 서서 아무리 긍정적인 태도를 내

---

* 오스트레일리아의 코미디언이자 장애권리운동가, 작가.

3장 각본 속 장애

보인다 해도 거기 있는 모든 책이 점자책으로 바뀌지 않을 겁니다. 그런 일은 일어나지 않습니다.

우리에게는 개개인으로 기능할 수 있게 도와주는 도구가 필요하다. 동시에 우리는 접근성, 합리적인 시설 변경, 구조적 변화가 필요한 소수 공동체의 일원이다. 하지만 영감을 주는 극복자라는 수사적 표현은 우리를 공동체의 일원이 아니라 오직 예외적인 **개인**으로 취급한다. 이런 생각은 장애를, 사는 동안 누구에게나 일어날 수 있는 일이 아니라 이례적인 사건으로 바라보게 하며, 장애인이 비장애인과 얼마나 다른지 과장해서 묘사한다. 이는 위험할 뿐 아니라 오만하고 짜증스러운 일이다. 일상적인 일을 하는 장애인이 어째서 그저 대중 앞에 있다는 이유로 박수를 받는가? 이것은 분명 사회적 약자를 배려하는 포용적 설계inclusive design와 장애인 권리에 반한다. 우리도 사회의 일원이 되게 해달라고 매번 최선을 다해 끊임없이 투쟁하고 노력할 필요가 없어야 한다. 그 대신 누구나 사회에 참여할 수 있게끔 변화를 만들 방법에 대해 (장애인, 비장애인 할 것 없이) 다 함께 창의적으로 생각해 보자. 마지막으로, 영감을 주는 극복자라는 수사는 장애인을 타인을 위해(그들의 감동, 그들의 깨달음, "저들이 할 수 있다면 나도 할 수 있다"는 동기 부여를 위해) 봉사하는 존재로 한정한다. 이것은 장애인이 보살핌, 존중, 포용,

합리적으로 변경된 시설을 누릴 자격을 얻으려면, '착한 장애인'이라는 역할을 적절히 수행해야 한다는 암묵적 강요다.

　나는 기술과 장애 강의 첫날의 '방향 재설정 수업'을 《자연이라는 우연》에 나오는 한 대목으로 마무리하는 것을 좋아한다. 여름 캠프에서 진은 온몸을 뒤틀며 걸으려 애쓰기보다 휠체어를 받아들인 사라의 결정에 대해 생각하며, 자신이 '정상적인' 사람처럼 걸어야 한다는 극심한 압박을 느끼지 않았다면 어땠을지 상상한다.

　　휠체어가 실패가 아니라 하나의 선택이 될 수 있을까? 잘 모르겠다. 아마 사라는 물리치료사에게 부당한 대우를 받았을 것이다. 분명 대다수 사람은 가능한 한 정상적으로 보이려고 노력하는 것을 당연하게 여긴다. 그런데 정상적으로 걷는 게 살아가는 유일한 방법이 아니라면? 묘하게 흥분되는 생각이지만, 난 그걸 말로 옮길 준비가 되지 않았다.

　장애인 학자, 활동가, 디자이너, 비평가, 예술가, 문화 종사자들은 사회가 바라는 장애인의 정상화를 거부하는 해방의 사상을 말과 행동으로 옮기며 길을 닦고 있다. 진은 바로 그 여정의 첫걸음을 떼는 중이다.

수업 첫날, 나는 학생들에게 이런 메시지를 준다. 장애인이 '정상적으로' 고쳐져야 한다거나, 장애를 극복하는 감동적인 모습을 보여 주어야 한다거나, 시혜받을 자격이 있어야 한다는 따위의 사회적 압력을 전복하라. 장애인의 말과 행동과 생각에 관심을 기울이라. '중립'을 지키지 말라. 너무나 많은 것에 중립적인 의학의 관점이 장애인을 배제하고 감금하는 행위를 정당화해 왔고, 사회의 무분별한 중립적 태도가 장애인을 온전한 인간이 아닌 불쌍한 시혜의 대상으로 만든다. 중요한 쟁점과 문제를 규정하는 일에서, 한 걸음 성큼 **장애인 편에** 서라.

4장
새로운 다리,
낡은 수법

기술화된 장애인의 몸, 그러니까 악조건을 극복하고
다시 능력을 얻게 된 의기양양한 몸이란, 거짓이다.
기술은 몸뚱이를 초월할 수 없다.

절단장애인이 되는 다섯 단계:

5 —

진단을 받고 곧이어 항암치료를 시작한 후, 한 친구가 나에
게 저녁을 대접한다. 아마 다리를 절단해야 할 거라고 내가 말
하자, 그녀는 너무 부정적으로 생각하지 말라고 위로한다. 내
상태는 무릎 위 허벅지 옆쪽을 손으로 만지면 종양이 얼마나
큰지 느낄 수 있을 정도인데.

4 —

비장애인은 누구나 현대 보철술이 얼마나 발전했는지를 낙관적으로 말한다. 그 반응은 거의 반사적으로 일어난다.

> 나: 절단 수술을 받을 예정이야.
> 그들: 요즘 보철술이 정말 발전했어!

마치 교회 사람들이 외우고 있는 선창과 응창 같다. "요즘 보철술이 정말 발전했어"는 절단장애에 응하는 "아멘"이다. 친구들은 최첨단 보철 기술에 대한 낙관적인 뉴스를 공유해 준다. 뭐, 팔 보철물같이 흥미롭지만 딱히 관련 없는 뉴스도 있지만.

3 —

절단 수술을 받기 몇 주 전에 보철 전문가들과 전화로 상담한다. 내가 받게 될 절단 수술은 회전성형술이므로, 이에 대하여 경험이 가장 많은 사람과 함께 하기로 한다. 우리는 오래 대화를 나눈다. 걷는 게 절대 예전 같지 않을 것이며, 그렇게 될 거라는 어떠한 기대나 환상도 버리는 게 좋을 거라고 그가 말한다. 그는 다른 사람들과는 다른 방식으로 낙관적이다. 보통

자동 반사적으로 나오는 "의족이 해결해 줄 겁니다!"라는 대답 대신에, 그는 기술의 한계를 인정하면서 내가 변화를 받아들이게 하고 내 기대를 누그러뜨린다. 나는 내 삶이 TV에서 보거나 뉴스에 나오는 것과 다를 거라는 점을 이해한다. 내가 곧 경험할 일들은 그런 매체에 나오지 않는다.

2 —

다리가 부러지지 않고도 암을 발견한 것은 행운이다(어떤 사람들은 다리가 부러져서 암을 발견하게 되는 방식으로 진단받는다). 나는 절단 수술을 앞둔 몇 달 동안 최대한 자주 아이들과 춤을 춘다. 비록 그 기간 중 많은 시간을 몇 시간 떨어진 병원에 입원해서 화학요법을 받느라 너무 기진맥진했지만 말이다. 입안은 잔뜩 헐고, 한 차례 화학요법 후 내가 너무나 지쳐 있었던 탓에 크리스마스에 여동생 벳시가 수술 준비를 도우러 와야 했다. 하지만 나는 온전히 내 다리로 이동할 수 있는 그 모든 '마지막 시간'을 만끽한다. 1월 초, 다시 기운을 차린 나는 입원해서 화학요법을 받는 병원 복도를 빠르게 걸어 다닌다. 복도에 있던 한 간호사가 내 걸음이 얼마나 재빠른지 이야기하고, 나는 지나쳐서 계속 걸으며 말한다. "절단 수술을 받을 거니까, 곧 빠르지 않게 될 거예요." 나는 그 간호사 얼굴을 보려고 멈추거나 뒤돌아보지 않는다. 그럴 수가 없다.

1 —

몇 주가 지나 절단 수술을 받고 집에서 회복 중이다. 막내 여동생 메건이 대학을 한 학기 쉬고 몇 달 동안 함께 지내면서, 내 아픈 엉덩이를 신경 써 주고 아이들의 일상이 변함없이 유지되도록 도와준다. 다시 항암치료를 받아야 하지만, 수술에서 회복하는 몇 주 동안은 항암 일정을 쉴 수 있어 매일 조금씩 더 나아지는 기분이다. 나는 오래 해 왔던 일들을 새로운 방식으로 해 나가는 법을 익히는 중이다. 내가 바퀴 달린 보행보조기로 집에서 나와 차까지 이동하려고 애쓰는 동안 메건이 나를 돕는다. (바퀴 달린 보행보조기는 '롤레이터'라고 부른다. 앉을 수 있는 작은 받침대와 물건을 담을 수 있는 바구니가 달려 있는데, 손과 팔을 바쁘게 써야 하는 보행보조기를 사용할 때는 이런 것들이 중요하다.) 나는 롤레이터에 의지해 한 걸음씩 걸어서 차에 도착하고, 차 문을 열고, 차에 기대어 한 발로 균형을 잡은 채 롤레이터를 접는다. 뒷좌석에 롤레이터를 찔러 넣고, 도움 없이 앞좌석에 올라탄다. 잊지 못할 날이다. 나는 혼자 힘으로 내 차에 올라탈 수 있다. 내가 아직 약을 많이 먹고 있어서 운전은 메건이 한다.

발사 —

나는 내가 절단장애인이 되리라는 것을 알기 전부터 오랫동안 기술과 장애에 관심이 있었다.

절단과 마비에 관한 이야기는 아마 여러분에게도 친숙할 것이다. 패럴림픽 중계방송이나 장애인 운동선수가 나오는 도요타 자동차 광고, TV 댄스 경연 프로그램, 최신 장애 기술에 관한 뉴스 보도, 전쟁에서 돌아온 상이군인들이 첨단 보조기술을 갖추고 가정과 지역사회로 돌아가는 모습을 담은 이야기 등, 몸에 닥친 시련을 기술로 극복하는 장애인 이미지는 차고도 넘친다. 그런 이미지에서 기술은 몸과 마음을 구원한 것으로 묘사된다. 내가 절단장애인이 되었을 때, 사람들은 멋지게 발전한 보철 기술을 이야기하며 나를(사실은 자기들을) 계속 안심시켰는데, 심지어 내가 초인이나 강화 인간, 천만 달러의 바이오닉 우먼bionic woman처럼 전보다 나은 상태로 돌아갈 수 있을 거라고도 했다.

모든 유형의 장애인이 언제나 이런 서사의 대상이 되는 것은 아니다. 다른 장애인들은 자신의 '고장 난' 몸과 마음을 고쳐 줄 만큼 기술이 충분히 발전하는 그날이 오기를, 희망을 붙들고 기다려야 한다. 그들의 몸과 마음은 사랑과 보살핌을 받고 자부심을 느끼며 긍정하기엔 부족한 것으로 묘사된다. 반

대로 절단장애인이 되었다는 '문제', 특히 하지 절단인의 문제
는 종종 '해결된' 것으로 묘사된다. 사람들은 패럴림픽 선수에
서 살인자로 변한 '블레이드 러너' 오스카 피스토리우스*와 〈댄
싱 위드 더 스타〉에 나오는 에이미 퍼디**를 보라고 한다. 성공
한 절단장애인이 되는 기준은 명확하다(이것은 성공한 장애인이
되는 기준으로 귀결된다). 회복하고, 극복하며, 감동을 주고, 다시
'정상적인' 상태가 되어야 하는데, 이때 반드시 현란한 과학기
술로 강력함을 갖추어야 한다.

   보철 기술과 로봇 외골격, 그 밖에 장애를 '고치려는' 기술
에 관한 뉴스는 숨 가쁠 만큼 많이 쏟아진다. 그런 기사는 언
제나 **삶을 바꿔 줄** 차세대 혁신 기술, 획기적인 돌파구를 약속
한다. 기술이 사용자에게 힘을 실어 주고, 정상적인 사람들처
럼 일하고 여가를 즐길 수 있게 도와줌으로써 다시 사회의 일
원이 되게 해 준다고 말이다. 여기, 전형적인 몇 가지 헤드라
인을 소개한다.

---

* 남아프리카공화국 육상 선수. 선천적 장애로 생후 11개월에 양다리 절단 수술을 받았
다. 훗날 탄소 섬유 재질의 휘어진 칼날 모양 의족을 장착하고 달려서 '의족 스프린터, 블
레이드 러너'로 불렸다. 2013년, 여자친구를 죽인 혐의로 체포되어 수감 생활을 하다가
2024년 1월에 가석방됐다.

** 19세에 세균성수막염 후유증으로 두 다리를 잃었다. 2014년 소치 패럴림픽 스노보드
동메달을 땄고, TV 댄스 경연 프로그램 <댄싱 위드 더 스타> 시즌18 결승에 올랐다.

"장애를 다루는 능력을 주는 기술" – BBC 뉴스

"기술은 장애인의 삶을 어떻게 바꿀 것인가" –《포브스》

"여성을 위해 설계된 최초의 의수: '나는 해방감을 느꼈다'" – BBC2

"외골격 로봇이 온다. 그것은 삶을 바꾼다" –《파퓰러사이언스》

나와 함께 캠퍼스에서 일하는 공학, 컴퓨터과학 분야 동료들이나 '남을 돕는' 직업에 종사하는 사람들이 과학기술에 관한 이 같은 서사를 기적이라고 가르치는 것을 본다. 이들은 젊은 공학도들에게 다양한 보철물과 외골격 프로젝트를 예로 들며 '삶을 바꿔 줄' 인도주의적 공학, 도움이 필요한 공동체와 함께하는 본보기로 가르친다. 우리 캠퍼스의 한 건물 복도 벽면에 설치된 LCD TV에서는 공학 입문 수업을 들은 학생들이 설계한 의수 시제품들의 슬라이드가 재생된다.

내가 그 건물에서 기술과 장애 수업을 할 때, 우리 학생들은 복도에 서서 그 슬라이드를 감상했다. 그리고 팔 절단인들이 보철물에 관해 쓴 자료와 비교하며 의기양양하게 전시된 그 창작물들이 실제 사용자에게 과연 유용할지 가늠해 보았다. 욕실에서 비누 거품을 내는 데 도움을 주는 손잡이가 가장 직관적이고 쓰임새 있어 보였다. 나는 시제품 제작이 공학적 설계 과정을 배우는 훌륭한 연습이고, 그런 수업에서 다루기에 적합한 범위의 과제라고 생각한다. 그리고 공학 분야 동료들의 창의성과 노고에 감사한다. 하지만 나는 기술에 관하여 대중 매체가 주도하는 보도 때문에 그 기술이 원래 의도했던 사용자(상상의 대상이 되고, 때로 모의실험 대상이 되며, 흥미로운 과제를 수행하기 위해 이용되는 그런 몸의 주인들)에게 제대로 도달하지 못하는 현상도 목격한다.

'강화 기술'에 관한 대중 매체 보도는 장애를 악의적인 방식으로 규정한다. 나는 장애-기술 비평가인 동료로부터 어떤 발표 내용을 확인해 보라는 소셜미디어 태그를 받은 적이 있다. "2400만 달러 기부로 MIT에 생체공학센터 신규 설립"이라는 제목의 기사였다. MIT 뉴스(라 쓰고 '홍보'라고 읽는다)는 그 센터의 새로운 리더 중 한 명인 휴 허(나와 같은 절단장애인이면서 나와 다르기도 하다. 나는 내 의족을 직접 개발하지도, 산을 타지도 않으니까)의 말을 기사에 인용하고 있었다. "이 세상은, 아직 없거나 부족한 기술 때문에 씌워진 장애에서 벗어나는 일이 절실합니다. 우리는 장애가 더 이상 일상적인 삶의 경험이 되지 않도록 기술 혁신적 미래를 향해 끊임없이 노력해야 합니다. …… K.리사양생체공학센터가 많은 사람의 인간적 경험을 확연히 개선하는 데 도움이 될 것을 생각하니 매우 기쁩니다." 기술이 **씌운** 장애에서 벗어난다고? 휴 허가 규정한 대로라면, 장애인의 의견과 경험에 귀 기울이지 않은 채 기술이 개발된다는 것이 문제가 아니라, 기술이 '아직 없거나 부족한' 것이 문제다.

그의 해결책은 더 사려 깊고 장애인의 물정에 밝은 기술이 아니라, 단지 더 나은, 더 발달한, 더 비싼 기술이다.

이 기사를 읽고 나니 '못된 불구들'이라는 블로그를 운영했던 생명윤리학자 빌 피스 생각이 간절했다. 지금은 고인이 되었지만, 그가 이 '뉴스'를 봤다면 누구보다 적절하게 반응했을 텐데, 나에게는 빌 피스 같은 재치가 없다. 나는 그저 심술궂은 사람이다. 내가 하고 싶은 말은, 많은 장애인이 불완전한 그대로의 경험과 장애 공동체의 가치를 존중한다는 것이다. 물론 그다지 매력적이지 않은 면이 있더라도 말이다. 정말이다. 우리는 우리 삶이 열등하다고 생각하지 않는다. 우리 중 다수는 장애 그 자체를 나쁘게 생각하지 않는다. 그래서 이 세상이 '절실하게' 기술이 '씌운' 장애로부터 '벗어나야' 한다는 둥 그런 거창한 이야기는 삐딱하게 보게 된다. 내 말은 고통스럽거나 제약이 많은 상태를 좋아하는 사람이 있다는 뜻이 아니다. 그보다는 모든 장애가 똑같지 않으며, 또한 장애인 모두가 고통스럽거나 제약이 많지도 않고, 사람들이 우리를 바라보는 방식만 제외하면 딱히 나쁠 것도 없다는 얘기다.

내가 이 생체공학센터의 대대적인 홍보에 이토록 괴팍하게 반응하는 것은 '장애를 보존한 사례'로 학계에 알려진 로즈메리 갈런드-톰슨의 생각과 같은 맥락에서다. 갈런드-톰슨이 쓴 바와 같이 "장애는 인간의 조건에 내재한 것"이고, 우리가 사는 세상에서는 이 점이 중요하다. 장애는 단순히 눈에 보이는 차이나 이동에 영향을 미치는 상태가 아니라 그 이상의 것이다. 그리고 우리는 미래에 (휴 허의 바람과 달리, 더 적은 장애가 아니라) 더 많은 장애를 겪게 될 것이다. 과학기술자들의 터무니없는 우주 판타지가 실현된다고 해도, 우주에서는 모두 장애인이 된다. 중력이 달라진 환경에서 사람들은 익숙한 방식의 이동성을 잃게 된다. 근육량과 폐 기능, 정신적 명료함도 마찬가지다.

미래가 좀 더 평범하다고 해도 역시 더 많은 사람이 장애인이 될 것이다. 실제로 환경이 변하고 있으며, 극적인 기상 이변이 증가하면 많은 사람에게 천식 같은 만성 질환이 생길 수 있다. 더불어 (코로나19 같은) 신종 질환이 나타날 것이다. 코로나19 장기후유증은 평범한 질병으로 말미암아 장애인이 되는 전형적인 사례다. 새로운 바이러스가 출현함에 따라 현재의 소아마비 후 증후군, 수두 후 대상포진, 1918년 스페인독감의 장기적 보건 영향, 엡스타인-바 바이러스가 촉발하는 면역 체계 문제인 다발경화증 같은 바이러스성 질환 후 증후군이 앞으로도 계속해서 나타나고 확산할 것이다. 그리고 새로운 증상과 새로운 유형의 장애를 유발할 것이다. 오래 살다 보면 결국에는 누구나 장애인이 된다. 죽음과 세금처럼, 노화는 피할 수 없다. 무엇이든 장애를 염두에 두고 계획해야 한다. 장애는 인간의 나약한 육체에 내재하고 있기 때문이다.

그렇다면 왜 장애를 문제로 보는가? 철학자 엘리자베스 반스가 썼듯이, 사람들은 흔히 장애를 틀린 것으로 묘사하지만 장애는 다른 것에 불과하다. 틀린 것은 장애인의 존재가 잘못이라고 말하는 세상이다. 많은 장애인은 세상에 **비위 맞추기** 위해, 사회학자 타냐 티치코스키의 말을 빌리자면 세상에 '받아들여지기' 위해, 단순한 다름을 억지로 정상화할 필요가 없는 미래를 원한다. 그러나 과학기술로 다 해결할 수 있다는 현재의 풍토에서 장애는 비극으로만 그려진다. 예컨대 내가 몸담은 대학이 '장애의 종식'에 관한 대담을 주최하고, 휴 허는 기술적 구원이라는 명목으로 자신의 브랜드(그는 자기가 개발한 발목을 정말 팔고 싶어 한다)를 MIT로 가져오는 이런 환경에서, 장애는 기술이 주도하는 개입과 그에 따른 구원이라는 이야기의 배경으로 이용될 뿐이다.

모든 종류의 미디어에 나타나는 장애 기술 서사는 그 이야기에서 겉으로 드러난 대상을 위한 것이 아니다. 사실, **그 이야기들은 장애인에 관한 것이 전혀 아니다.** 비장애인적 상상력이라는 필터를 통과한 이런 이야기들은, 그저 기술적 진보와 기술 낙관론, 공학의 진보적 힘에 관한 닳고 닳은 비유적 수사를 강화할 뿐이다. 장애인의 역할은 부차적이고, 진짜 이야기는 기술의 의기양양한 행진, 기술을 통해 더 나은 삶을 사는 것이다.

4장 새로운 다리, 낡은 수법

이런 이야기를 많이 접할수록, 사람들은 미디어와 스포츠 매체의 지면을 차지하는 기분 좋은 서사를 더 많이 내면화한다. 장애를 '극복하는' 개인들에 대한 일반적인 서사는 다른 장애를 지워 버리면서 특정 종류의 장애에 대표성을 부여한다.

이러한 태도는 기술과 장애를 가장 잘 취재하고 가장 잘 쓴 기사에도 배어 있다. "여성을 위해 설계된 최초의 의수: '나는 해방감을 느꼈다'"라는 제목의 BBC2 기사는 상당히 훌륭하다. BBC 앵커들은 비바이오닉이라는 '새로운 최첨단 생체공학 손'과 그 의수를 사용하는 니키 애슈웰을 소개한다. 여느 장애 기술 보도 사례와 달리, 이 기사는 보도 범위를 비장애인 엔지니어, 장애인의 부모, 의사 등의 의견에 한정하지 않고 실제 사용자를 인터뷰했다(그리고 애슈웰의 인터뷰는 훌륭하다). 그런데도 그 뉴스는 많은 부분을 잘못 이해하고 있다.

어색한 장면 하나, 기자는 애슈웰의 생체공학 손을 놓아주지 않고 좀 오래 흔들며 묻는다. "누군가와 악수할 수 있다는 건, 심리적으로 어떤가요?" 질문에서 기자가 노리고 있는 서사가 보인다. 그들은 의수 덕분에 애슈웰의 삶이 달라졌고, 심리적으로도 더 좋아졌다는 말을 듣고 싶어 한다. '잃어버렸던' 무언가를 되찾았다거나 대체하게 되었다는 말을 듣고 싶어 한다. 그러나 애슈웰은 그 노림수를 잘 피해서, 의수의 기능에 관해 대답하며 그 손이 하나의 도구로서 얼마나 유용한지 설명한다. 그리고 다른 의수는 왜 자신에게 맞지 않았는지, 어째서 오랜 시간 동안 의수를 아예 사용하지 않았는지도 설명한다. 기사 제목에 인용한 해방감을 느꼈다는 말은 비바이오닉 의수 그 자체에 관한 것이 아니라, **그 손으로 자전거를 타는 행위**에 관한 말이다. 누군들 자전거를 타면서 해방감을 느끼지 않겠는가? 애슈웰이 그 손으로 (장애인을 위해 조정된 것이 아닌) 일반형 자전거를 쉽게 탄 것은 사실이지만, 해방감은 자전거를 탄 데서 비롯된 것이다.

하지만 "여성을 위해 설계된 최초의 의수: '나는 해방감을 느꼈다'"라는 제목은 그들이 말하고 싶은 이야기를 강조한다. 그 새로운 손에 관해 애슈웰이 직접 현실적이고 실용적인 설명을 했는데도 말이다. 그 손은 애슈웰의 마음에 들었고, 여성을 위해 설계된 적절한 크기의 의수를 선택할 수 있게 된 것은 잘된 일이다. 그러나 그 의수를 사용한다고 해서 애슈웰이 다른 사람이 되는 것은 아니며, 그녀가 장애라는 어떤 제약에서 벗어나는 것도 아니다. 그 손은 신발 끈을 좀 더 쉽게 매도록 해 주고, 그녀가 원하는 종류의 자전거에 올라탈 수 있게 해 주는 등 사회적으로 어색한 상황을 완화해 주는 도구다.

과학기술이라는 **요술 방망이**로 '해방된' 장애인. 이 수사적 표현에 대하여 못된 불구 빌 피스는 이렇게 썼다. "보철물을 착용한 절단장애인과 걷는 휠체어 사용자를 장애인의 대표 이미지

4장 새로운 다리, 낡은 수법

로 삼으면, 그것은 장애가 사회적 문제가 아니라 개인이 극복
해야 할 것, 제거해야 할 것, 단순한 의료적 문제에 불과한 것
이라고 여기게 한다. 이런 생각은 겉만 번지르르하고 문제 많
은 시책으로 이어진다." 조직심리학자 베르톨트 마이어와 사
회심리학자 프랑크 아스브로크는 의수와 의족, 외골격, 망막
삽입 같은 생체공학이 장애인에 관한 인식을 어떻게 바꾸는지
를 글로 썼다. 두 사람은 고도로 기술적인 장비를 갖춘 장애인
(사이보그)에 관한 고정관념과 그 고정관념의 변화 양상을 연구
한다. 2018년 발표된 두 건의 온라인 연구에서 이들은 설문 대
상자에게 생체공학을 이용하는 사람들을 능력과 친밀감 측면
에서 어떻게 생각하는지 물었다. 조사 결과, 사이보그는 능력
면에서 (비장애인만큼 유능하지는 않지만) 다른 장애인보다 더 유
능하게 인식되었고, 친밀감은 덜하게 여겨졌다.

　나는 과학기술을 싫어하지 않는다. 정말이다. 나는 매일 인
공 보철물을 사용한다. 내 가짜 다리가 고장 나거나 몸에 잘 맞
지 않으면 나는 평상시처럼 활동하기 위해 매우 신경 써서 그
걸 고친다. 하지만 의족보다 덜 '고급인' 기술도 똑같이 중요하
고, 다른 보조기기에 익숙해지는 것도 아주 중요하다. 어떤 기
술이 좀 더 유용한지는 상황에 따라 다르다. 몇 달 전에 넘어져
서 5주 동안 의족을 쓰지 못했을 때는 팔꿈치 목발을 아주 편
리하게 사용했다. 또 집 주변을 돌아다닐 때는 롤레이터를 애

용하는데, 롤레이터는 평탄하고 단단한 바닥에 최적이고, 아주 빠르게 다닐 수 있다.

나를 화나게 하는 것은 내가 경험하는 현실과 언론에 나오는 기사 사이의 현격한 격차다. 인공 보철과 이동 보조기기 같은 고급 기술을 실제로 이용해 본 사람의 경험과 그런 제품에 대한 언론의 요란한 보도 사이에는 너무나 큰 차이가 있다. 마찬가지로 반짝거리는 새 보조기기가 홍보되는 방식과 실제로 그것이 선택되는 방식 사이에도 심한 단절이 있다.

사회적 범주로서 장애는 과학기술로 해결할 문제가 아니다. 그러나 MIT 미디어랩의 휴 허는 다음과 같은 말을 자주 한다. "나에게는 장애가 보이지 않는다. 부족한 기술이 보일 뿐이다." 장애인의 권리, 정의, 공동체의 자부심을 중요시하는 장애 공동체와 장애를 기술적 도전의 대상으로 바라보는 휴 허의 비전 사이에는 일종의 긴장이 감돈다. 물론 두 관점은 공존할 수 있다. 하지만 언론의 관심과 그들이 내놓는 이야기는 거의 전적으로 기술적 도전 대상으로서의 장애에만 초점을 맞춘다. 이런 풍조는 장애인들이 생생히 겪는 경험을 무시하고 공동체를 파괴한다. 장애를 **문제**로 규정하면 진짜 문제에서 관심이 멀어진다. 이 세상이 장애인을 배제하도록 만들어져 있다는 문제 말이다.

같은 보철사 사무실에서 만나 친구이자 절단장애 멘토가 된

4장 새로운 다리, 낡은 수법

신시아 펑크는 몇 년 전 페이스북에 다음과 같이 구구절절 옳은 글을 올렸다.

이제 막 절단장애인이 된 사람들은 언론에 비친 그런 이야기를 보고서 자기도 곧바로 그 다리를 착용하고 걸어 다닐 수 있을 거라고 기대한다. …… 우리는 TV에서 절단장애인들이 춤추는 것을 본다. 마라톤을 뛰고, 그냥 걷는 것도 본다. 뉴스 매체는 이런 운 좋은 소수에게 초점을 맞춘다. 하지만 대중에게 내보이는 편안한 생활, 감동을 주는 이야기는 전혀 현실이 아니다.

부탁한다. 당신이 식료품점이나 다른 공공장소에서 우연히 마주친 절단장애인에게 왜 그런 다리를 착용하지 않았는지(또는 왜 다리 하나가 아예 없는지), 왜 이런저런 활동을 하지 않는지 묻거나 조언을 건네기 전에, 그 사람들이야말로 언론이 지배하는 사회에서 평범하고 현실적인 삶을 살고 있음을 알아주길 바란다.

'장애인 디바 프로젝트' 설립자이자 엔터테인먼트업계의 흑인 장애인 옹호자인 도나 R. 월턴도 비슷한 글을 썼다.

사회가 이상적으로 여기는 신체적 매력을 얻기 위해서 다시 '정상적으로' 걸어야 한다고 결정했을 때, 내 자존감은 거의 바닥을 쳤다. 나는 자존감을 키우고 자신감을 잃지 않으려고 엄청나게 노력했다. 절름거리는 걸음걸이는 내 방식이고, 이건 나에게 아주 '정상적인' 것이다. 나는 이제야 내가 한 여성이자, 아프리카계 미국인이며, 여기에 더해진 절단장애인이라는 현실에 맞게 전진했다고 느낀다. 내가 밟아 온 생존의 각 단계는 나에게 필요한 만큼 점토를 제공해 주었고, 나는 내 투쟁에 걸맞게 패기 있는 페르소나를 빚어냈다. 지팡이를 짚든 휠체어를 타든, 중요한 건 원하는 곳에 가는 일 아니겠는가?

언론은 대개, 한 분야에서 성공했고 사람들에게 감동을 주며 백인이거나 피부색이 밝고 외모가 준수한, 사회적으로 용인되는 절단장애인을 보여 준다. 흔히는 전쟁 영웅이거나 엘리트 운동선수들이다. 하지만 이렇게 '멋진' 절단장애인이 대다수 절단장애인을 대표하지는 않는다. 절단장애인 집단에 정확히 어떤 사람들이 있는지 신뢰할 만한 근거를 들어 말하기는 어렵다. 그 이유 중 하나는 관련 데이터가 절단 수술을 받지 않은 선천적 절단장애인을 잘 설명하지 못하기 때문이고, 또 하나는 매년 절단 수술을 받는 사람 수를 추정한 자료 역시 10년 이상 뒤처져 있기 때문이다. 절단장애인연합(사지 상실을 받아들이는 행사, 절단장애 어린이 여름 캠프, 동료 방문자 교육, 연간 콘퍼런스 등을 주최한다)은 "미국에서 사지 기능을 상실한 사람은 거의 200만 명에 달한다"는 추산치를 내놓았는데, 이 수치는 2010년 이

전 자료를 바탕으로 한 것이다. 이상적인 것과는 거리가 먼 이 통계에 따르면, 매년 발생하는 약 18만 5,000여 건 절단 수술의 원인은 "당뇨병과 말초동맥 질환을 포함한 혈관 질환(54%)부터 외상으로 인한 장애(45%)와 암(2% 미만)에 이르기까지" 다양하다. 나는 골육종(뼈에 생긴 암)으로 절단 수술을 받은 2% 미만에 속한다.

절단장애인연합에 따르면, 아프리카계 미국인은 백인 미국인보다 4배 더 많이 사지 절단 수술을 받는다.[12] 이 격차를 조사한 비영리 독립언론 《프로퍼블리카》는 2020년에 "미국 흑인 절단 수술 전염병"이라는 제목으로 리지 프레서가 쓴 기사를 실었다. "그것은 미국 의료 시스템이 단 한 번의 수술로 저지르는 대죄다. 예방 치료에는 소극적이다가 마지막에 큰돈을 지출하게 하며, 만성적으로 아프고 혜택받지 못하는 사람들이 막다른 골목에 이르도록 내버려둔다." 이 기사는 폴루소 파코레데 박사의 연구를 좇아간다. 파코레데 박사는 미시시피주 볼리바르 카운티의 유일한 심장 전문의로, 다른 의사들이 진료하기를 꺼리는 환자들의 팔다리를 지켜 주려고 힘쓰고 있다. 무관심하고 악의적인 미국 의료 시스템은 오랫동안 환자들을 무시해 왔지만, 파코레데 박사는 환자의 생명을 구하고 그들의 존엄을 지켜 주려 한다. 절단장애인을 포함해 넓은 범위의 장애인에 관하여 이런 종류의 이야기는 미미할 만큼 드물다. 프레서의 기사에서 가장 두드러지는 점은 흔히 잊히거나 지워지는 저 장애인들에게 보인 뚜렷한 관심이다. 프레서는 해마다 절단 수술률이 높게 나오는 지역을 지도에 표시하고, 그것을 1860년 이전에 노예가 된 사람들이 밀집한 곳을 표시한 지도와 겹쳐 봄으로써, 절단 수술 비율에 의료계의 해묵은 차별이 반영된 것을 보여 준다. 절단 수술 통계를 보면 건강 관리와 생존 문제가 누구에게는 중요하고 누구에게는 그렇지 않은지, 가혹한 현실을 알 수 있다. 장애 현실의 이 같은 면은 장애 기술 이야기에서 한 번도 거론된 적이 없다.

게다가 이것은 코로나19 팬데믹 이전의 일이다. 코로나19는 절단장애인 공동체의 모습을 확연히 바꿔 놓았다. 우리 중 일부는 다른 증상의 합병증으로 코로나19 이전에 이미 '고위험군'에 속해 있었고, 그 외에도 많은 사람이 코로나19 때문에 절단장애인이 되었다. 혈관 합병증이 생긴 사람들을 예로 들면, 코로나19 환자가 급증한 동안에 병원이 과밀화되어 사람들이 (상처 치료를 포함해) 의료적 처치를 뒤로 미루었고, 이 때문에 팔다리를 지키는 데 도움이 되었을 만한 의료적 조치를 놓쳤을 수 있다.

흔히 당뇨병이 원인인 혈관 합병증[13]은 절단장애인과 절단장애인이 될지도 모르는 사람들에게 발생 가능성이 더 크다. 절단장애인연합에 의하면 혈관 질환으로 절단장애인이 된 사람 중 절반이 "5년 이내에 사망한다"고 한다. 이것은 "유방암, 대장암, 전립선암의 사망률보다 더 높은 비율"이다. 우리 공동체에 들어오는 사람들은 이 통계에 큰 충격을 받곤 하는데, 종종 아무런 의학적 맥락 없이 절단장애인의 높은 사망률을 알게 되기 때문이다. 절단 수술 자체가 반드시 사망률을 높이는 것은 아니다. 다만 당뇨나 그 밖의 혈관 질환 때문에 사지를 절단한 사람들은 이미 더 중한 질환을 앓고 있어서, 부분적으로 이 때문에 사망률이 높아지는 것이다.

별 고민 없이 전쟁 영웅과 절단 수술을 연관 짓는 대다수 언론의 보도는 우리의 일상생활에 예기치 않은 영향을 미친다. 대중은 절단장애인에게 다가와서 감사를 표하곤 한다. 절단장애인 중에서도 짧은 머리에 근육질 몸매를 한 남성들에게 특히 그러하다. 항암치료로 내 머리가 아주 짧았을 때는 나도 자주 감사 인사를 받았다. 나는 내가 속한 절단장애인 그룹에서 그럴 때 어떻게 반응하는지 솔직한 이야기를 들어 보았다. 실제로 군 복무를 하긴 했으나 그 때문에 절단 수술을 받지는 않은 사람들에게는 특히 난처한 문제였다. 한 친구는 공군 정비공이었지만, 절단 수술을 받은 건 차 사고로 다리를 다쳤기 때문이었다. 그는 "당신의 노고에 감사드립니다"라는 말을 듣고 싶어 하지 않는다. 물론 그 친구 역시 군 복무 중 다친 사람을 진심으로 존중한다. 그러나 그가 전투에 참전한 적은 한 번도 없었다. 그냥 "별말씀을요"라고 대답하면 간단할 것 같지만, 마트에서 양배추를 집어 들다가 낯선 이에게 군 복무와 건강 상태에 관한 길고 긴 개인사를 말할 필요는 없지 않은가. 그렇다고 진짜 상이군인들의 '무용담을 훔치고' 싶어 하는 사람은 아무도 없다.

〈댄싱 위드 더 스타〉와 테드 강연 속 첨단 보철물을 착용한 장애인 이미지를 포함하여 언론에 공개된 절단장애인들의 이미지가 가짜라는 말은 절대 아니다. 우리 중에도 장애의 어떤 면을 기술적인 방식으로 해결하고 싶어 하는 사람이 많고, 기술 낙관론은 유혹적이다. 나는 내 보철 다리를 아주 좋아하고 (물론 그게 잘 맞을 때), 어디든 함께 다닌다. 하지만 내가 보철 다리로 걸을 수 있다는 이유로 '감동'을 주는 장애인 취급을 받고 싶지는 않다. 대중의 이런 시선은 장애와 절단장애인 이야기에 주도권을 가진 언론 활동의 효과다. 나는 마트에서 옥수수를 고르다가 나에게 감화받았다는 말을 들은 적이 있다.[14] 나는 농산물 코너에서 언쟁을 벌이고 싶지도 않고, 기술의 힘이나 인간의 의지력에 대한 증거로 다뤄지고 싶지도 않으며, (당뇨병으로 인한 절단장애나 사고 부상으로 인한 절단장애에 흔히 적용되는 서사인) 위험과 책임에 관한 훈계를 듣고 싶지도 않다. 장애 기술을 이용하는 사람으로서 내가 실질적으로 경험하는 현실은 거의 모두 기술적으로 구현된 나의 몸과 보철의 마모에 관한 것

4장 새로운 다리, 낡은 수법

이다. 대중 언론이 이런 방향으로 장애에 접근하는 것은 한 번도 못 봤다.

인간에게 과학기술이란 무엇인가? 기술은 삶에서 어떤 역할을 하는가? 인공적으로 구축된 환경은 어떤 방식으로 사람들을 받아들이고 배제하는가? 사람들은 어떨 때 기술적 개입을 친밀하게 여기거나 저항하는가? 어떻게(그리고 언제) 사람들은 보철물 같은 특정 기술을 사용하기로 하는가? 이런 질문들은 추상적이고 철학적인 사변이나 혼란을 가져오는 기술미래주의자techno-futurist의 전유물이 되어서는 안 된다. 이런 질문은 진짜 장애인의 실제 경험에 기반을 둬야 한다. 장애인의 삶과 몸이 바로 이런 생각의 전문 시험대다.

의족을 장착하고 달리는 미디어 속 절단장애인의 이미지가 삶을 잘 헤쳐 나가는 장애인의 유일한 대표 이미지가 되면, 나머지 절단장애인뿐 아니라 다른 장애인들에게도 심각한 문제가 닥친다. 진정성 없는 명목주의tokenism, 토크니즘라 할 수 있는 이 단일한 서사는 (때때로, 특히 처음 장애인이 되었을 때, 장애를 다루는 솜씨가 솔직히 형편없더라도) 완전하고 건강한 모습을 보여 줘야 다른 사람들에게 감동을 주는 영웅적인 존재가 된다고 말한다. 또 언제나 긍정적인 태도를 보여야 한다고(그러지 않는 장애인은 최선을 다하지 않은 거라고) 주장한다. 이것은 비장애인의 방식으로 살아가고 임무를 수행하라는 뜻이며, 그렇게 하면서 불평하거나 장애인이 처한 복잡미묘한 현실을 논하지는 말라는 뜻이고, '올바른' 장애인으로서 모범을 보여야 한다는 뜻이다. 미디어의 이 같은 서사는, 사회가 설정한 각본에 속하지 않는 복잡한 기쁨이나 슬픔의 감정을 장애인들이 솔직하게 표현하지 못하게 한다.

이 지배적 서사는 우리가 **장애인으로** 존재하는 것을 전혀 용납하지 않는다. 〈댄싱 위드 더 스타〉에서 에이미 퍼디와 짝을 이룬 전문 댄서 데릭 허프는 퍼디를 만나기도 전에 블로그에 글을 올렸다. "기회를 잡고 용기를 내서 이런 쇼에 참여하는 누군가가 있다니, 정말 감동적이다. …… 나는 그녀를 만나지 않고도 그녀가 스스로를 장애인으로 여기지 않는다는 것을 알 수 있었다." 이 글에도 그런 태도가 배어 있다.

허프는 퍼디를 만나지도 않고 그녀가 "스스로를 장애인으로 여기지 않는다"고 생각한다. 이 사회는 분명 장애인들이 스스로 장애인이라 여기는 것을 나쁘게 본다. 장애가 우리 삶의 모든 양상과 세상에 대한 경험, 우리의 정체성을 특징짓는데도 말이다. 이것은 각본이다. 각본대로라면 장애인은 춤출 수 없다. 이 대목에서는 나도 유죄임을 고백한다. 절단 수술을 받기 전에 나는 부엌에서 아이들과 빠른 리듬에 맞춰 춤을 추며, 다시 이처럼 춤출 수 있을까, 하고 생각했다. 그 당시에는 나 역시 춤과 장애에 대해 아주 협소한 개념을 가지고 있었다. 그러나 실상은 다르다. 그리고 장애인으로 **존재하기**는 장애인이 **되기**보다 더 쉽다! 그렇지만 이런 종류의 뉴스와 언론 보도는 만일 장애인이 춤을 춘다면 그 사람에게는 딱히 적절한 장애가 있는 게 아니라는 생각을 심어 주었다. 그렇게 우리는 기술로 장애를 **극복하려** 노력함으로써 각본에 정해진 장애인의 범주에서 우리 스스로를 제외해 왔다.

처음 절단장애인이 되면 (건강상의 염려나 치료와 보조기기에 드는 비용 같은 건 제쳐 두고) 장애를 극복할 충분한 용기와 담력, 올바른 태도를 지녀야 한다는 조언을 듣는다. 그리고 다른 장애인들은 이런 말을 듣는다. 최첨단 의족이나 의수가 있는 운 좋은 절단장애인들처럼 당신에게도 언젠가 그런 날이 올 것이다, 충분한 연구비와 희망만 있다면.

그러나 춤을 춘다는 것은 기술과 상관없이, 장애인을 포함한 모든 사람의 권리다. 휠체어 댄서이자 장애 활동가인 시미 린턴에 관한 영화 〈춤으로의 초대〉에서, 린턴은 춤을 '기쁨과 자유의 표현'이라고 묘사한다. 이 서사에서 휠체어 춤과 장애활동주의는 장애의 구체화, 장애 운동, 장애인을 가치 있게 여기고 존중하는 의미로 확장된다.

나는 시미 린턴과 생각이 같다. 춤은 몸으로, **모든** 유형의 몸으로 표현하는 기쁨과 자유다. 장애학협회의 모든 콘퍼런스에서 춤은 중요한 행사다. 2015년, 처음으로 장애학협회 콘퍼런스에 참석할 때만 해도 나는 무엇을 경험하게 될지 몰랐다. 내가 본 것은 내가 꿈꿨던 것보다 더 자유롭고 기쁜 무엇이었다. 그때 만나 친구가 된 맬러리는 바닥에 드러누워서 팔과 다리로 춤을 추었고, 다른 사람들에게도 춤을 추라고 격려했다. 흰지팡이를 짚은 키 큰 시각장애인 백인 남자는 그 지팡이로 말을 타는 특유의 동작을 보여 주었다. 행사장 밖에는 조용한 곳을 원하는 사람들을 위한 공간이 있었고, 한 자폐인 친구가 미소 지으며 메모를 적고 있었다. 자기는 지금 너무 행복한 나머지 말을 잃어서 말로는 대답할 수 없다는 내용이었다. 신나던 음악이 어느 순간 좀 더 서정적으로 바뀌자, 한 흑인 여성이 휠체어를 타고 미끄러지듯 위풍당당하게 무대로 나왔고, 작고 마른 금발 여성이 춤에 동참했다. 모두 그쪽으로 이동해서 둘이 춤추는 것을 보았다. 나중에 알고 보니 휠체어를 탄 그 여성은 댄서 겸 안무가 앨리스 셰퍼드였다. 당시는 그녀가 주도하는 장애 예술 앙상블 키네틱라이트의 〈디센트DESCENT〉 공연이 제작되기 전이었다. 〈디센트〉는 휠체어를 타고 펼치는 댄스 공연으로, 와이어를 이용한 곡예, 경사로가 있는 무대, 화려한 조명으로 구성되는데, 정식 공연이 아닌 장애학협회에서 본 것만으로도 나는 경이로움을 느꼈다. 행사 도중에 우리 디제이가 춤추는 군중의 사진을 찍으려 했을 때는 선배 장애인 대여섯 명이 재빨리 그를 둘러싸고 안 된다고 말했다. 카메라 플래시가 일부 장애인에게 발작이나 편두통을 일으킬 수 있기 때문이기도 하고, 우리는 허락 없이 사진에 찍히는 것을 원하지 않으며, 우리 이미지가 함부로 사용되거나 타인에게 영감을 주는 밈이 되어 돌아다니는 것도 원치 않기 때문이다. **우리는 창작의 주체이지 타인의 상상 대상이 아니다.**[15]

〈댄싱 위드 더 스타〉에 참가한 절단장애인들은 대중 앞에 나선 것만으로도 용기 있다는 단순한 틀에 갇힌다. 수백만 명 이상이 지켜보는 가운데 잘 해내지 못할 수도 있는 무언가를 시도하기란 분명 어려운 일이다. 용기가 필요하다는 데는 의심의 여지가 없다. 그러나 이런 쇼에 등장하는 절단장애인들은 이미 자기 보철물에 잘 적응해 있고, 대개의 절단장애인들보다 접근성이 더 나은 환경에, 더 부자이고, 더 건강하다. 장애인 댄스를 다루는 전형적인 언론 기사들은 첨단 보철물을 착용하는 데서 오는 어려움, 불편함, 계속 모니터링하고 세세하게 적응해야 하는 끝없는 과정, 보험 적용 걱정 같은 실질적 경험에 대해서는 얼버무리고 넘어간다. 그런 기사는 장애를 극복함으로써 장애를 거부하는 이야기와 이미지를 심어 줄 뿐, 우리가 움직임을 통해 장애를 기리고 드러내는 이야기, 춤이 모두의 것이라는 이야기는 하지 않는다. 나는 2015년 장애학협회의 댄스 무대에서 그랬듯이, 우리 몸과 움직임과 스타일의 다양성을 찬양하고 싶다.

내 보철사는 절단장애인들이 다시 활보하고 계단을 오르는 것을 자랑하는 영상을 많이 가지고 있지만, 그와 대화해 보면 우리가 보철물에서 무엇을 기대해야 하는지 아주 명확하다. 반복해서 몸을 비틀어 보철물의 소켓에 몸을 맞추고 나면, 우리는 대부분 새 다리에 아주 신이 나서 날아갈 것만 같다. 그러나 **이런 상태는 계속되지 않는다.** 우리는 곧 '뭔가 잘 안 맞는 것 같다'고 생각하게 된다. 여러분은 '아귀가 잘 맞는' 상태가 어떤 느낌인지 알 것이다. 바퀴가 필요한 곳에 착 끼워져 완벽하게 균형 잡힌 상태로 목적에 맞게 움직인다? 바퀴든 보철 다리든, 기계적으로 움직이는 모든 사물은 결국에 잘 맞지 않게 된다.[16] 우리 몸은 변하고, 우리가 쓰는 기기의 착용감도 그렇다.

잘 맞다가 잘 맞지 않게 되는 이 현상은 모든 장애 보조기기에 발생한다. 의족(또는 의수, 맞춤형 교정 장치)에 몸을 맞추는 일은 반복적이고 상호적인 과정이다. 사람들은 장애인이 의족을 착용하고 진료실에서 걸어 나가고 나면, 그 뒤에 일어나는 일은 당사자에게 달렸다고 쉽게 생각한다. 바람직한 태도를 지닌다면 〈댄싱 위드 더 스타〉에서 실력을 겨루거나 달리기를 시작하는 등 목표를 이룰 것이라고. 이상하게도 내 친구들은 나에게 의족을 갖게 되면 달리기를 시작할 거냐고 물었다. 나는 절단 수술 전에도 달리기를 싫어했는데, 그게 왜 변하겠는가? 그리고 내가 좋아하지도 않는 일을 하기 위해 보험 적용도

4장 새로운 다리, 낡은 수법

안 되는 최첨단 의족에 큰돈을 써야 할까? 위로는 고맙지만 사양하겠다.

실제로 일이 돌아가는 방식은 다음과 같다(물론 하지 절단 위치가 무릎이나 고관절 부분인지, 그 위인지 아래인지에 따라 차이가 있다). 어떤 종류의 절단 수술을 받았든 간에, 보철물을 착용하기 전에 우선 수술에서 회복해야 한다. 일반적으로 이 시기에 앞으로 함께할 보철사를 찾아보기 시작한다. 보철사가 병원에 와서 이제 막 절단장애인이 된 사람을 만나기도 하고, 더러는 의사의 추천을 받기도 한다. 적임자가 거주지 가까이 있으면 좋겠지만, 대체로 좁은 범위에서는 선택에 제한이 있다. 이제 사람들은 코어 힘을 기르고 고관절 운동을 돕는 물리치료를 받으면서 보철 착용을 준비한다. 첫 시도에서 바로 새 다리를 착용하고 걸어 나오지 않는다는 것을 알게 되면 사람들은 대체로 실망한다. 방법에 따라 과정은 다양하겠지만, 다들 보철사 사무실에서 얼마간 시간을 보내고 돌아오게 될 것이다. 저마다 다른 장치와 부품은 각기 다른 장단점이 있다. 사지의 부피가 안정되지 않은 일부 사람들에게는 진공 시스템*의 진공 상태가 잘 유지되지 않는다. 소금 섭취량, 더운 날씨, 생리 주기 등의 이유로 신발 속 발이 부을 때가 있듯이 팔다리 전체 부

---

* 소켓에 들어간 환부에 가해지는 충격을 흡수 또는 감소시키기 위해 보철물에 적용하는 진공 기능.

피도 늘 똑같지는 않아서, 사지 부피가 안정된 사람이라도 하루를 보내는 동안 사지의 변화를 경험한다.

절단 부위가 높은 사람들을 위한 보철 다리는 보철사들이 보철 고관절과 무릎 등을 조립해서 완성한다. 보철 발처럼 고관절과 무릎도 여러 회사 제품이 있고, 사람들은 어떤 제품이 자기에게 제일 잘 맞는지 알아보기 위해 보철 발뿐 아니라 여러 가지 보철 고관절과 무릎도 시험적으로 써 보기를 원한다. 무릎 위 절단인은 전자제어식 무릎 또는 유압식 무릎을 선택하고 자기 몸에 맞게 프로그래밍해야 하는데, 시험 착용 기간에 이 과정을 여러 번 반복해야 한다. 절단장애인 통계를 살펴보면 하지 절단인의 70%가 무릎 아래를 절단했다. 그만큼 보철 발은 커다란 시장이다. 그다음으로 흔한 절단 수술 유형이 무릎 위와 무릎 관절 절단이다. 바라건대, 보철사는 보험 적용이 가능한 범위에서 당사자의 의견과 몇 가지 이상적인 옵션을 반영하면서 절단장애인이 여러 유형의 발과 무릎 중에서 고를 수 있게 해야 한다. (절단장애인들이 마땅히 선택권을 가져야 함에도, 보철사는 선택권을 많이 주지 않는다. 보철사는 선택받지 못한 부품을 반품해야 할 것을 뻔히 알면서 많은 부품을 주문하기가 번거로울 것이다. 의족은 특정 크기와 좌우 구분도 있다. 그렇다 보니 크기별, 종류별로 보철 발과 무릎을 진열장에 가득 채워 놓고 사람들에게 시험 착용해 보라고 권하는 보철사는 거의 없다.) 절단장애인 중 가장 적은 유형은 고

4장 새로운 다리, 낡은 수법

관절 절단과 반쪽골반절제술을 받은 사람들이다. 따라서 고관절 부품은 선택의 여지가 더 없다. 고관절 절단 또는 반쪽골반절제술을 받은 사람들은 발, 무릎, 고관절을 모두 선택하고 맞추고 조정하고 시험해야 한다.

보철 다리 기술이 발달했다고 언론이 치켜세우는 내용은 대개 소켓이 아니라 발, 발목, 무릎에 관한 것이다. 하지만 소켓이 잘 맞지 않아서 불편하다면 다른 구성 요소는 하나도 중요하지 않다. 이것은 단순히 과학기술 문제가 아니라 사람의 숙달과 다양성 문제다. 보철물을 몸에 잘 맞추기 위한 반복 과정은 절대적으로 중요하다. 잘 맞지 않는 소켓이나 잘못 조정된 보철은 조직 손상, 물집과 그 밖의 피부 문제, 근육 손상 등을 일으킬 수 있다(그리고 다리에만 문제가 한정되지 않고, 사용자의 자세와 걸음걸이에도 변형을 일으킨다). 이 모든 것은 추가적인 진료 예약, 추가 지출, 임금 손실 같은 시간과 비용 문제로 이어진다. 사람들은 종종 위험을 무릅쓰고 고통스러운 보철 다리를 착용하거나, 아니면 불편한 다리를 착용하지 않고 그저 벽장 어딘가에 처박아 둔다. 소켓이 잘 맞지 않으면 피부 조직을 통한 감염 위험이 커지고, 심하면 절단 수술을 다시 받아야 한다. 보철물의 소켓에 몸을 좀 더 잘 맞추기 위해 기존 절단 부위 위쪽을 다시 절단하는 것을 '교정revision'이라고 한다. 당연한 말이지만, 우여곡절 끝에 최후의 또는 최종 소켓을 맞췄다 하더라도 그게 정말 마지막이 되지는 않는다. 보철 다리의 모든 부분은 조금씩 마모되고, 이에 따라 다른 소켓이 필요해지기 때문이다. 소켓이 제아무리 좋아도 의족은 고장 나고, 부품은 마모된다(의족을 이루는 금속 날과 발 모양 외피 사이에서 완충 역할을 하는 스펙트라 양말이 닳듯이). 굉장했던 최종 소켓도 어느 순간 굉장하지 않게 될 것이다. 더는 꼭 맞지 않게 되고, 새로운 소켓을 구해야 할 때가 올 것이다. 보철 다리를 얼마 만에 새로 교체해야 하는지는 저마다 다른데, 신참자들은 몸이 적응해 감에 따라 더 자주 새 다리가 필요해진다. 새 소켓이나 다리를 구하는데 표준 시간표 같은 건 없다. 내 동료 중에는 20년 동안 같은 다리를 쓰다가 이제 막 새 다리로 바꾼 사람이 있는데, 그는 손꼽히게 특이한 경우다. 또 다른 친구는 지난 한 해에만 세 번, 새로 주조한 시험용 소켓을 사용했다. 팔다리 굵기가 급격하게 줄어들었기 때문이다. 너무 빨리 최종 소켓을 확정하려고 서두르지 않은 게 다행이었다.

이 모든 것은 비싸다. 전자제어식 무릎의 한 종류인 C-레그 가격은 약 5만 달러인데, 이것은 소켓이나 의족에 부착하기 전 가격이다. 전자제어식 의족이나 관절 같은 부품이 전혀 없는, 평범하고 투박한 보철 종아리 가격은 8,000달러에서 1만 6,000달러 사이다. 고관절이나 넓적다리를 절단한 사람은 고관절 부분을 받치는 소켓과 다리를 부착할 수 있는 벨트 장치가 필요하다. 내 친구 맬러리는 새 다리에 10만 달러 견적을 받았다. 우리는 그저 보험으로 비용을 최대한 보전할 수 있기를 바랄 따름이다. 미국에서는 의료 보장 제도와 여러 프로그램을 적용하면 절단장애인이 비용의 20%를 부담하게 되는데, 이 것은 보험 적용을 받더라도 보철 다리가 중고차 한 대보다 더 비쌀 수도 있다는 뜻이다. 절단 위치가 높은 사람은 특히 더 그렇다.

과학기술 분야에서는 의족을 향한 관심이 뜨겁다. 하지만 휴 허가 착용하는 바이옴 발목처럼 전자제어식 관절 부품을 장착한 신형 의족은 대부분 무겁다. 그래서 일부 보철사들은 적당한 코어 힘이 없는 사람들에게는 그것을 착용하는 데 드는 물리적인 비용만큼의 가치가 없다고 이야기한다. 주로 재향군인 병원에서 성능 시험을 거치는 이런 제품들은 장애를 얻기 전에 스포츠에 능했던 건장한 남성에게 가장 적합하다. 세계적 수준의 산악 등반가인 휴 허처럼 말이다. 내가 아는 여성 중에 그런 제품을 시험해 본 사람들은 모두 좀 더 정적인 스타일의 탄소 섬유 발목으로 되돌아갔다. 보철 다리에 비싼 부품을 넣더라도 늘어난 무게를 감당할 근육조직이 없으면 잘 걷게 된다는 보장도 없다. 이런 기술은 떠들썩한 것에 훨씬 못 미치게 소수를 위한 '해결책'이다.

팔 절단인과 기술의 관계는 다리 절단인의 경우와 또 다르다. 절단장애인 중에는 팔보다 다리를 절단한 사람이 훨씬 더 많다. 그렇다 보니 많은 보철사가 팔 보철물에 대해서는 경험이 적거나 제대로 교육받지 못한 상태다. 또 보철물 사용을 아예 시도하지 않거나, 장기적인 시도 뒤에 사용하지 않기로 하는 경우도 팔 절단인이 더 많다. 팔은 절단 위치에 따라 뭔가를 더 붙이는 게 오히려 불편할 수 있고, 보철 팔은 모양이 투박하고 외관상 어색한 경우가 많다. 실제로 보철사들도 대부분 다리 절단인을 주로 상대하므로, 보철 팔보다는 다리를 조립해본 경험이 더 많다. 팔 절단인은 보철사와 상담할 때 그들이 보철 팔을 다루어 본 경험이 얼마나 있는지 자세히 알아보는 게 좋다. 모든 보철 클리닉이 당연히 그런 경력을 갖췄을 것으로 생각하면 안 된다.

사실, 손과 팔은 발과 다리보다 훨씬 더 많은 일을 한다. 발과 다리는 대부분 걷거나 앉는 일을 하고, 그것이 보철 다리의 주요 기능이다. 하지만 손과 팔은 더 복잡한 일을 한다. 지금 이 순간, 더 많은 옵션을 가진 보철 팔에 관한 신기술이 뉴스를 장식하고 있다. 최근 자주 접하는 내용은 다양한 프로젝트와 함께 탄생한 어린이용 3-D 프린트 손이다. '히어로 팔Hero Arm'*을 비롯해 다채롭고 비싸지 않은 보철물이 일반적인 보철 클리닉

---

* 오픈바이오닉스에서 개발한 어린이용 생체공학 의수로, 영화 속 슈퍼 히어로의 팔 모양으로 디자인되었다.

4장 새로운 다리, 낡은 수법

이 아니라 3D 프린터가 있는 도서관이나 그 밖의 비의료적 맥락에서 개발되고 있다. 팔 보철물이 무엇을 할 수 있고 어떤 모습일 수 있는지에 대한 아이디어도 나오기 시작했다. 나는 전에 동물의 도구 사용에 관하여 연구하면서 동물학자들이 사람(그리고 미국너구리)의 손을 '다기능 도구'에 비교하는 것을 본 적이 있다. 하지만 최고로 꼽히는 몇몇 의수는 특정 기능만을 위해 개발되었다. 가령 수년 전에 화제가 되었던 '타투-건' 손을 나는 좋아한다. 타투이스트들이 사용하는 문신 제작 장비를 결합한 그 의수는 사용자들의 필요에 따라 개발하게 된 만큼, 당사자들이 직접 설계에 참여했고, 그렇게 탄생한 의수로 그들은 좋아하던 일을 다시 할 수 있게 되었다. 로즈메리 갈런드-톰슨은 자신의 책 《쳐다보기Staring: How We Look》에서 이렇게 표현했다. 갈고리 손(또는 타투-건 손)처럼 기능적인 의수는 "그것을 착용하는 사람의 필요에 응답한다". 하지만 어떤 상지 절단장애인들은 "쳐다보는 사람들의 필요에 응답하려고" 허울뿐인 의수를 착용한다. 대중은 하지 절단장애인이 두 다리로 걸어야 '정상적으로 기능한다'고 보듯이, 다섯 손가락이 있는 손을 '정상적'인 것으로 본다.

손가락이 다섯 개인 손이 곧 정상 기능이라는 생각은 의수를 다루는 대다수 언론 보도의 밑바탕에 깔려 있다. 다섯 손가락 의수가 언제나 그렇게 기능적인 것은 아님에도 불구하고 정상이라는 그 비전을 이룩하는 것이야말로 장애인의 삶을 변화시키는 것으로 여겨진다. 팔에 장애가 있는 딸을 둔 젠 리 리브스는 "보철물이 모든 것을 바꿔 주지는 않는다"라는 제목으로 블로그에 글을 썼다.

> 보철 팔을 착용하는 장애아의 엄마인 나는 현실을 잘 안다. …… 조던이 그냥은 할 수 없었을 일을 보철 팔의 도움을 받아 경이롭게 해낸 순간이 우리에게도 있었고, 그 순간 나는 눈물을 흘렸다. 하지만 그것은 순간이다. 보철 팔이 없었다면 즐기지 못했을 순간. 아마 사람들은 보철물이 조던의 삶을 바꾸었다고 말할 것이다. 하지만 보철물이 모든 것을 완벽하게 만들어 주지는 않는다. …… 보철물은 해결책이 아니다. …… 나는 보철물을 하나의 도구로 사용하는 데는 찬성한다. 3D 프린트 손과 팔은 정말 멋지다. 그러나 그런 것들이 팔에 장애가 있는 아이의 인생을 전부 바꿔 주지는 않는다.

이 글이 블로그에 올라온 것은 2015년이고, 조던은 이제 훌쩍 자랐다. 젠과 나는 장애학계의 일원으로 계속 인연을 이어 오고 있고, 조던은 어릴 적에 '프로젝트 유니콘'*에서 자기가

---

* 본저스트라이트의 워크숍 프로그램으로, 신체 장애가 있는 아이들이 자신의 경험을 바탕으로 필요한 것을 디자인하는 방법을 배우는 과정.

　　　　　　　　　　　　　4장 새로운 다리, 낡은 수법

원하는 팔을 직접 디자인했던 경험을 토대로 어린이를 위한 팔 보철물에 관하여 다양하게 생각해 볼 수 있는 공간을 계속해서 열고 있다. 조던이 디자인한 팔은 유니콘 뿔처럼 생겼는데, 끝부분에는 반짝이glitter를 분사하는 기능이 있다. 일상생활용 의수는 아니지만, 손가락이 다섯 개 달린 팔이라는 '정상' 패러다임에서 벗어나, 어린이로서 조던이 상상했던 팔이다. 요즘 조던은 아무 팔도 착용하지 않을 때가 더 많다.[17]

오늘날 절단장애인은 보철물을 사용할지 말지, 사용한다면 어떤 종류를 얼마나 사용하고 싶은지 등, 이 세상에 존재하고 싶은 방식에 대하여 다른 유형의 장애인들은 갖지 못한 선택권을 가진다.[18] 그러나 이런 선택들은 매번 우리를 정상성으로 밀어붙이는 사회적 압력의 맥락 안에서 일어나는 논쟁과 비판의 대상이 된다.

다리를 절단한 장애인은 물론이고, 다리 보장구, 보행보조기, 의료용 스쿠터 같은 이동 보조 장비를 사용하는 그 밖의 많은 사람에게, 걸어야 하고 또 잘 걸어야 한다는 압력은 그냥 웃어넘길 수 있는 말이 아니다. 바람직한 시민이자 인간이 되려면 체력과 활력이 있어야 한다는 생각은 너무나 깊게 뿌리박혀 있다. 나는 걷기를 둘러싼 비장애중심주의가 모두에게 내재화되어 있다고 생각한다. 절단장애인들조차 자기 머릿속에서 그 생각을 근절하기는 어렵고, 타인의 신체 능력과 품위에 대하여 특정 선입견이 있는 사람들이 다루기는 더 어려운 일이다. 시러큐스대학교에서 장애학을 가르쳤던 빌 피스는 걷는다는 것을 정상성의 표준으로 삼는 우리의 문화적 장애에 대해 다음과 같이 블로그에 썼다.

> 전형적인 이족보행을 하는 사람들이 오해의 소지가 있는 뉴스에 노출되면, 그들은 사지에 장애가 있는 사람들은 모두 걷는 것만이 목표라고 믿어 버리게 된다. 그렇게 의식화된 목표를 공유하는 의사, 과학자, 공학자 들에 둘러싸여 걷기 위해 분투하는 저 용기 있고 숭고한 젊은 남녀에게 웅장하고 고무적인 음악을 틀어 주자.

이어서 그는 장애 모델을 상세히 설명한다.

> 걷는 것에 대한 집착의 이면은 논의되지 않는다. 걷지 못하는 사람들이 어쩔 수 없이 헤쳐 나가야 하는 껄끄러운 현실에 대해서는 아무도 이야기하고 싶어 하지 않는다. 적절한 건강 관리의 장벽과 부족한 적응 기술에 대해서는 아무도 생각하고 싶어 하지 않는다. 이런 맥락에서는 그저 평범해지고 싶어 하는 장애인들이 문제가 된다. 대중은 그들이 사회적 규범을 따르지 못한다고 낙인찍고, 그들은 대중에게 장애인 차별을 금지하는 법을 지키라고 강요하게 된다. 일반적인 사람들처럼 우리 장애인도 일할 수 있고, 집을 소

유할 수 있고, 대중교통에 자유롭게 접근할 수 있기를 원한다. 이런 일이 실현되려면 더 큰 사회적, 역사적, 정치적, 의료적 맥락에서 장애를 다루어야 한다.

위의 글에는 장애 자체를 문제로 보는 의료적 모델과 구축된 환경이 문제라고 보는 사회적 모델 사이의 긴장 관계가 여실히 드러나 있다. 걷지 못한다는 '문제'에 대해 비싸고 복잡한 해결책을 제시하는 과학기술이 어느 모델에 동의하는지는 매우 명확하다. 나는 장애인이 몸에 대해 경험하고 생각하는 방식에 기술적 해결책이 어떻게 영향을 미치는지를 종종 생각한다.

자이프리트 비르디의 《행복 듣기》[*]와 사라 노빅의 《트루 비즈》(김은지 옮김, 위즈덤하우스, 2025)는, 대중이 청력에 대해 기대하는 바가 무엇인지, 그 기대가 개개인에게 어떤 자아상을 심어 주고 어떤 압박을 가하는지를 비슷한 구성으로 이야기한다. 예전의 청력 보조기기와 최근 인공와우의 역사를 살펴보면 '도움'의 방식과 의사들의 말 한마디가 청각장애에 관한 논의와 대중의 이해에 얼마나 지대한 영향을 미치는지 알 수 있다. 아울러 그것은 정작 그 도움을 받는 사람들은 해당 기술을 깨끗하게 경험하지 못하는데도 당사자가 아닌 사람들이 나서

---

[*] Hearing Happiness: Deafness Cures in History

서 기술에 대한 낙관론을 강요한 완벽한 사례이기도 하다.

대중은 인공와우 이식이 곧 청각장애 '치료'라고 여기고, 의사들은 청각장애아를 둔 부모에게 아이의 장애를 어떻게 할 것인지, 그러니까 인공와우를 이식할지 말지 서둘러 결정을 내리라고 압박하곤 한다. 미국에서 신생아가 처음 받는 검사 중 하나가 청력 검사인데, 결과는 오로지 통과 아니면 '불통과' 중 하나로 나온다. 나중에도 다시 검사를 받겠지만, '불통과'라는 결과는 때 이른 걱정을 부르고 결국 더 많은 검사로 이어질 것이다. 모든 청각장애아는 인공와우 이식 수술 후보지만, 모든 수술이 성공적인 것은 아니다. 그리고 처음 부모가 된 대다수 사람은 농인聾人, Deaf** 공동체가 인공와우 수술에 반대했다는 사실과 그 이유를 알지 못한다. 청능사와 의사들이 아이의 인공와우를 켜자 엄마 목소리가 들리는 쪽으로 아이가 고개를 움찔하는 영상은 유명하다. 입소문을 타고 퍼져 나간 이 영상은 많은 대중에게 인공와우 이식에 관해 알리는 독보적인 창구가 되었다. 이 영상은 직간접적으로 장애를 종식하는 기술의 힘을 찬양한다. 사람들은 '칭찬하는 손' 이모지로 댓글을 달

** 청각장애인 중에서도 수어를 주 언어로 쓰거나 자신의 정체성으로 깊이 받아들이는 사람들을 농인이라고 한다. 오늘날 농(聾)이라는 말은 단순히 청각에 장애가 있는 상태를 뜻하는 것이 아니라 이러한 문화와 언어를 표현하는 말이 되었다. 영어에서 deaf는 청각 장애인을 뜻하지만, 대문자 D를 사용한 Deaf는 농문화를 표현하는 말로 쓰인다.

4장 새로운 다리, 낡은 수법

고, 기술의 힘에 관한 말을 쏟아내며 신에게 감사를 표한다.

그러나 그런 영상들은, 모든 농인이 자기 자신을 장애인으로 생각하지는 않는다는 것, 그 영상에 나온 어린이가 인공와우로 '듣고' 잘 소통하려면 수년간의 의학적 개입이 필요하다는 사실, 장애 보조기기를 몸에 지니고 있으면 (그것이 잘 작동될 때조차) 유지보수에 많은 자원과 노력이 든다는 점(다른 것은 말할 것도 없고 배터리는 일상적인 걱정거리다), 그 아이가 가지고 있을지도 모르는 자연적인 청력을 인공와우가 아예 제거해 버린다는 점 등은 말하지 않는다. 놀란 아이의 모습을 단 몇 초에서 몇 분 보여 주는 이런 기술 이야기는(대개는 그 아이가 소리 지르거나 우는 모습이 아니라 미소 짓는 모습을 보여 준다), 더 넓은 맥락에서의 의미나 그 어떤 후속 보도도 없이, 그리고 인공와우 이식 수술을 한 성인의 경험에 대해서는 아무런 정보도 제공하지 않은 채, 대중에게 전달된다.

노빅의 소설 《트루 비즈》는 어느 기숙 농학교에 관한 이야기로, 학생들은 그곳에서 수어를 배우거나 알게 된다. 이 소설은 그 공동체 안에서 사회적 위치와 관점이 서로 다른 인물들을 통해 세상을 바라보게 한다. 어떤 학생들은 농인 가정 출신이고, 일부는 청인 가정 출신이며, 청력 보조기기를 사용하는 아이들도 있다. 중심인물인 찰리는 자식이 '정상적인' 사람이 되게 하려고 지극정성으로 헌신하는 엄마 아래서 자랐다. 찰리의 엄마는 찰리에게 도움이 필요해 보이지 않게끔 조치하고, 듣고 말하는 것 외에 다른 의사소통 방식은 아예 택하지 못하도록 막는다. 엄마의 이러한 관점은, 그렇게 하는 것이 찰리의 성공을 위한 올바른 길이라고 말하는 의료 제도의 영향을 받은 것이며, 찰리는 엄마의 그런 관점과 씨름하기도 하고 이해하려 노력하기도 한다.

농인 공동체는 일반적으로 그려지는 것만큼 기술을 혐오하지 않는다. 소설에서 농인 아이들은 수어로 부모와 이야기하기 위해 영상 통화를 하고, 보통의 십 대라면 그럴 거라고 예상되는 방식으로 컴퓨터와 휴대전화를 쓴다. 청각 기술에 관한 광고를 역사적으로 들여다보는 비르디의 《행복 듣기》를 읽어 보면 알 수 있듯이, 청각 기술에 대한 보통의 서사는 역사 전반에 걸쳐 너무나 자주 기적적인 치료법을 찬양한다. 그런 기술을 이용하면서도 만족하지 않는 사람, 기술에 열광하지 않거나 거부하는 사람들은 고마워할 줄 모르는 사람, 또는 러다이트Luddite* 같은 고집 센 바보로 취급된다.

몇 해 전, 외식하러 간 식당에서 우리 할아버지가 보청기를 가져오지 않은 것을 두고 누군가 불평한 적이 있었다. 이것은 청력 보조기기를 사용하면 어떤 경험을 하게 되는지 사람들이

---

* 19세기 초에 산업 혁명으로 대량 생산이 가능해지자 사람의 노동을 대신하는 기계가 노동자의 일자리를 빼앗는다고 생각하여 이러한 기계를 파괴하는 운동을 이끈 사람들.

4장 새로운 다리, 낡은 수법

전혀 모르기 때문에 나오는 반응이다. 나는 화학요법을 받은 후 생긴 난청 때문에 보청기를 사용한다. 하지만 그날 나는 저녁을 먹기 전에 미리 보청기를 빼서 케이스에 넣어 두었다. 보청기를 끼고 있으면 음식을 씹을 때 나는 소리가 증폭되어 식사하는 게 너무나 괴로워지기 때문이다. 그리고 보청기는 많은 사람이 여러 방향에서 동시에 이야기하는 환경에서는 오히려 역효과를 낸다. 또 사람들이 조용하다고 생각하는 곳에서조차 에어컨과 진공청소기의 쉭쉭거리는 소리나 외부의 공사 소음 등 많은 소리가 압도적으로 증폭된다.

지나치게 많은 소리가 들리는 상태는 사람을 지치게 한다. 내가 좀 더 규칙적으로 보청기를 사용하던 때, 나는 매일 (보철다리는 물론이고) 보청기를 빼 버릴 수 있는 그 시간을 고대하곤 했다(그날의 탈사이보그화라고 할까). 농학Deaf Studies에서는 청력 상실의 반대 개념으로 농을 **획득**했다고 이야기하기도 한다. 이 말은 청각장애인만의 이점, 농인 공동체에서 얻은 것, 듣지 못함으로써 얻게 된 것 등 농인에게는 농문화가 있다는 뜻이다. 사람들은 흔히 청각장애를 상실과 연관 짓고 즉각적인 기술적 해결책이 필요할 것으로 생각한다. 그러나 도움이 될 수 있는 기술이라고 해도 상상처럼 그렇게 간단히 대체할 수 있는 게 아니다. 상황은 모두에게 똑같지 않을뿐더러 예상한 그대로만 되는 것도 아니다.

휠체어와 가짜 팔다리, 그 외에도 일반적으로 신체를 생체 공학적으로 기능화하려는 풍조는 대중이 장애인에 관하여 생각하는 방식뿐 아니라 장애인이 자신에 대해 생각하는 방식도 변화시킨다. 기술화된 장애인의 몸, 그러니까 악조건을 극복하고 다시 능력을 얻게 된 의기양양한 몸이란, 거짓이다. 기술은 몸뚱이를 초월할 수 없다. 몸은 여전히 거기 있고, 여전히 느껴지며, 여전히 다루어지고, 견디고 있다. 그러나 기술은, 그리고 **올바른** 몸이나 마음을 가져야 한다는 규범적인 생각은, 우리가 세상과 만나는 수단인 몸에서 우리 **자아**를 점점 더 분리한다. 급성이나 중증 의료 문제를 겪는 어떤 사람들은 자신이 물리적/통합적 자아에서 소외된 느낌을 받는다고 말하기도 하는데, 장애인들은 가짜 정상성을 강요당하는 세상에 살면서 끊임없이 우리 자신을 몸과 (재)통합해야 한다.

온라인에도 정보는 있지만, 보철물 사용에 관하여 정말 중요한 실상을 이해하기 좋은 방법은 같은 장애인들을 직접 만나고 인연을 맺는 것이다. 진료실이나 물리치료실, 또는 절단장애인연합 사무실처럼 우리가 모일 수 있는 곳은 모두 우리가 권한을 갖는 공간이 되어야 하며, 우리가 익숙한 방식으로 다시 세상에 나아갈 수 있게 하는 도구를 얻을 수 있는 곳이 되어야 한다. 그런 도구는 오직 기술에 의한 것이거나 혼자 감당해야 하는 것이 아니다. 장애 보조기술에 밀착하여 살아간다는 게 무엇을 말하는지는 누구보다 장애인들이 잘 안다. 예컨대 우리가 쓰는 기기는 자주 삐걱거리고 성가시게 굴며, 때로는 보철이 우리를 아프게 하고, 땀이 나면 다루기가 더 힘들어진다. 보철물이나 신체 보장구(그리고 휠체어)를 몸에 맞춰 가는 실제 과정과 그에 관한 공동체의 경험은 (앞에서도 이야기했듯) 대중 매체에서 찾아볼 수 없다. 그런데 이제는 보철 설비가 점점 자동화되고 장비 딜러의 규모가 커짐에 따라 그 과정 자체가 사라지고 있다. (휠체어 수리를 못 받게 될 위기는 이미 임박했는데, '수리권 보장법'은 여전히 계류 중이다.) 오래된 기술이 새것으로 대체되면서 소규모 보철 설비 업체가 대기업에 넘어가고 있는데, 이들은 기존 사용자에게 후속 서비스를 다 제공하지 않고 점점 더 비싼 기기를 사용하도록 유도한다. 결국은 이윤을 창출해야 하니까.

새로운 기술은 우리가 어떤 유형의 사람이 되고 싶은지, 어떤 유형의 사회에서 살고 싶은지 질문을 던진다. 이는 장애 관련 기술뿐 아니라 다른 기술도 마찬가지이며, 어떤 공동체는 장기간 비판적으로 숙고하여 신중하게 채택 여부를 결정한다. 그런데 장애 기술은 대체로 우리가 일상적으로 몸에 밀착하여 사용하고, 지속적인 유지보수와 수리가 필요한 기술인데도 다른 기술이 제기하는 성찰을 수반하는 경우가 거의 없다.

0 —

   나는 절단장애인이 되었다. 남편은 우리의 보험 내용을 아주 샅샅이 공부했는데, 그건 고통스러운 일이었다. 나는 코로나19로 2년 넘게 방문하지 않았던 내 수술팀을 몇 주 뒤에 찾아갈 예정이다. 그들은 새 보철 라이너 처방전을 써 줄 것이다. 의사에게는 더 급하게 봐야 할 다른 환자들이 있을 것이므로 나는 수년간 이런 종류의 처방전을 써 준 간호사만 만나게 될 것이다. 보철사는 내 다리 틀에 맞는 새로운 라이너를 만들어 집으로 배송해 줄 것이고, 나는 새 라이너를 길들이기 시작할 것이다. 2년째 쓰고 있는 이번 다리가 아직 잘 맞아서 내년까지는 새 다리 이야기를 안 해도 될 것 같다. 잘 맞긴 해도 나는 다리를 벗어 놓을 때가 매일 밤 브래지어를 벗어 던질 때보다 더 홀가분하다. 나는 가벼운 몸으로 롤레이터를 타고 침실에서 부엌으로 저녁 간식을 준비하러 재빠르게 미끄러져 간다.

            4장 새로운 다리, 낡은 수법

5장
신경다양인
저항 운동

신경다양성의 관점으로 생각할 때 우리는
다양한 방식으로 존재하고 경험하는 사람들을 환대하는
매력적인 세상을 만들어 갈 수 있다.

이번 장에서는 '내 영역 바깥'의 이야기를 하려 한다. 나는 자폐인이 아니지만, 자폐성 장애 개입 기술에 관해 이야기할 참이다. 좀 더 넓게는 신경차이성neurodivergence*에 관한 이야기가 될 것이다. 나는 범장애 공동체에 속한 장애인으로서 자폐인 공동체의 주장에 귀를 기울인다. 그들의 활동은 나에게도 중요하다. 30대 초반에 나는 갖가지 장애를 얻은 상태로, 믿을 수

---

* 저자는 신경다양성에 관한 용어로 뉴로다이버전스(neurodivergence), 뉴로다이버시티(neurodiversity), 뉴로다이버전트(neurodivergent)를 사용했다. 이 중 뉴로다이버전트는 국내에서 '신경다양인'으로 번역되어 쓰이고 있다. 뉴로다이버전스와 뉴로다이버시티는 둘 다 '신경다양성'으로 번역하거나 그대로 음차하여 쓰고 있는데, 이 책에서는 두 용어를 구별할 필요가 있어서 뉴로다이버전스를 '신경차이성'으로, 뉴로다이버시티를 '신경다양성'으로 옮겼다.

5장 신경다양인 저항 운동

없을 만큼 적대적으로 보이는 캠퍼스와 직장으로 돌아왔고, 공동체를 찾았다. 다양한 연령대에, 경험이 많은, 온갖 유형의 장애를 가진 동료들이 내 곁에 있어 주었다.

믿을 수 없을 만큼 적대적이라는 건 무슨 뜻일까? 나는 1년 간 항암치료를 받느라 병원에 입원해서 많은 날을 보냈다. 활력도, 에너지도 없었다. 팔꿈치 목발이 아주 무거운 보철 다리처럼 느껴졌다. 매일같이 진료 예약이 줄줄이 있었다. 그리고 새로 생긴, 너무나 많은 장애에 적응하고 있었다. 그렇다, 나는 절단장애인이면서, 지속적인 이명으로 인한 난청, 항암치료로 인한 케모브레인, 화학요법으로 인한 조기 폐경을 겪은 후 전신 열감에 시달리고 있었다. 종양 전문의들은 내 몸이 회복되는 게 우선이니 1년 뒤에 이명이 사라질지, 청력이 회복될지, 손상된 인지력이 나아질지, 월경 주기가 돌아올지 확인해 보자는 말만 되풀이했다. 결과만 말하자면 나는 이 중 어느 것도 되찾지 못했다.

그렇다고 이번 장의 내용이 내 몸마음bodymind*에만 국한된 것은 아니다. 나를 둘러싼 모든 것에 관한 이야기다. 한때 내가 의식하지도 못하고 스쳐 지나갔던 모든 공간이 달라졌다. 내가 일하던 건물에 가는 것이 어느 날에는 불가능하게 느껴졌

---

* 장애학에서 복잡하고 불가분한 몸과 마음 간의 관계를 나타내는 용어.

다. 미국장애인법에 따라 캠퍼스 안에 설치된 가장 가까운 장애인 주차장조차 가깝지 않았다. 우리 건물에는 엘리베이터가 없어서 내 사무실은 (동료들과 떨어져) 아래층으로 옮겨졌다. 이명과 청력 변화 때문에 공간에서 소리가 다르게 들렸다. 소음은 (그나마 남아 있던) 집중력을 전에 없던 방식으로 방해했다. 나는 어디를 가든 주목받았다. 머리가 다 빠지고 목발을 짚은 절단장애인은 건강한 사람들의 시선을 끄는 경향이 있고, 내 걸음은 그런 눈길에서 도망칠 수 없을 정도로 느렸다. 나에게는 아플 때 가족의 식사를 챙겨 주고 아이들을 돌봐 주는 등 더할 나위 없이 힘이 되어 주고 친절을 베풀어 준 최고의 동료들이 있었음에도, 단지 내가 캠퍼스에 있다는 사실만으로 몹시 힘이 들었다. 나의 몸마음은 캠퍼스에서 환영받고 편안함을 느낄 수 있는 사람의 조건이 아니었다. **나를 위한 장소는 없었다.** 건물에서 내가 이용해야 하는 출입구는 모두 뒤편이나 측면에 있어서 찾는 것 자체가 어려웠다. 어디에나 계단이 있었다. 게다가 나는 케모브레인 때문에 기억하고 소통하는 데 전보다 훨씬 더 많은 수고가 필요했다. 최고로 힘이 되어 주는 비장애인 동료들조차 내가 그곳에서 얼마나 소외감을 느끼는지 이해하지 못했다. 다행히도 나는 몇몇 장애인 동료를 알고 있었다. 그들은 나를 이해했다.

지금 우리 대학의 장애인연합&위원회가 된 초창기 모임에

5장 신경다양인 저항 운동

는 신경다양인neurodivergent 회원 여섯 명이 있었다. 우리 여섯 중 셋은 (다른 장애도 있는) 자폐인이었다. 나머지 셋 중 한 명은 진단은 받지 않았지만 도움이 필요한 증상을 분명히 겪고 있었는데, 그 당시 아무런 도움도 받지 못하고 있었다. 또 한 명은 신경 질환 때문에 지팡이를 사용하고 있었다. 그리고 절단장애, 이명, 난청, 케모브레인, (그때는 몰랐지만 조만간 진단받게 될) 크론병, 그 정도로는 부족하다는 듯 뒤이어 얻게 된 의학 관련 불안증까지, 다관왕에 빛나는 내가 있었다. 두 명은 학부생, 세 명은 대학원생, 거기에 신출내기 하프타임 교수인 나까지, 우리는 모두 삶과 경력 면에서 서로 다른 단계에 있었다.

이런 유형의 장애인 공동체가 장애활동주의와 이론화라는 현재의 장애인 운동 물결의 핵심에 있다. 최근 뜨겁게 주목받고 있는 다수의 연구는 **신경차이성**이라는 개념을 중심적으로 다룬다. 이 개념은 장애 공동체들이 새로 생기고 연합하면서 나온 것으로, 대부분 자폐성 장애와 ADHD가 있는 사람들의 공동체에서 비롯되었다. 오늘날 자폐성 장애와 ADHD 진단을 받는 성인이 늘고 있는데, 그 이유는 수십 년 전에는 자폐성 장애를 지금보다 훨씬 소극적으로 진단했기 때문이다. 그 당시에는 자폐성이 성인과 여성에게는 어떤 모습으로 드러나는지 몰랐을 뿐 아니라, 아이들에게도 다양한 방식으로 드러날 수 있다는 것을 이해하지 못했다. 물론 지금도 어느 정도는 마찬가지다. 현대의 자폐 진단이 여전히 백인 남성 어린이를 중심으로 한 케케묵은 연구에 의존하고 있기 때문이다. 한때 자폐를 주로 '초남성적' 두뇌의 장애로 생각하던 시절도 있었으나 이제는 완전히 틀렸음이 밝혀졌다. 그렇지만 그 생각은 여전히 자폐성 장애를 진단하는 방식과 자폐가 무엇인지에 관한 견해에 지대한 영향을 미치고 있다. 그런 탓에 지금도 많은 어린이, 특히 여자 어린이들과 유색인 어린이들에게 드러나는 자폐성을 놓치고 있다. 어른의 상황은 더 심각하다. 진단 전문의들은 아직도 내담자의 부모나 교사를 만나 이야기를 듣거나 설문으로 조사하는 방법을 쓰는데, 이런 방법은 성인 자폐인에게 적절하지 않거나 불가능할 수도 있다. 지금은 다양한 방식으로 나타나는 이 현상을 자폐스펙트럼장애라고 부른다. 이런 생각의 틀은 자폐인들의 능력과 경험의 범위를 단 한 가지가 아니라 **다양하게** 이해하는 한 방편이 된다. 자폐인들(그리고 이 역사에 함께한 ADHD를 가진 사람들)은 **신경차이성**과 **신경다양성** neurodiversity이라는 개념을 통해 장애인 조직화, 자기 이해, 장애 공동체와 활동주의에 커다란 선물을 주었다.

'스펙트럼장애'에는 예전에 아스퍼거증후군으로 불린 유형 역시 포함되는데, 아스퍼거는 이제 진단명으로 쓰이지 않는다. 어렸을 때 아스퍼거증후군 진단을 받은 사람들이 스스로를 지칭하는 말로 계속 사용하고 있기는 하지만, 그 이름을 완

5장 신경다양인 저항 운동

전히 폐기하고자 노력하고 있는 자폐인들도 있다. 그 용어가 나치 부역자였던 한스 아스퍼거의 이름을 딴 것이기 때문이다. 아스퍼거는 자폐성이 있는 사람들을 식별해 진단을 내렸고, 나치는 그렇게 선별된 사람들을 죽였다. 이때, 자폐성 장애에 해당하더라도 사회에 이바지하는 '진짜' 시민으로 역할을 할 수 있을 것 같은 특정 유형(훗날 아스퍼거증후군으로 불리게 된다)의 사람들은 따로 분류해 살려 두었다(장애의 역사적 기원이 '노동에 부적합한 어떤 상태'였다는 점을 상기하라). 이 개념에 대해서는 나중에 다시 이야기하겠지만 미리 주의를 주자면, 자폐인의 삶에서 과학기술이 어떤 역할을 하는지 이야기하다 보면 아주 어두운 면을 맞닥뜨리게 된다. 자폐인 또는 지금 우리가 자폐성이 있다고 이해하는 사람들을 치료하고자 했던 역사는 잔인함과 오해로 가득 차 있다. 자폐성 장애를 위한 기술을 이야기하려면 피짓스피너와 가스실을 둘 다 다루어야 하며, 롤플레잉게임 던전&드래곤과 '잠긴 옷장'*에 관해서도 이야기해야 한다.

장애인연합&위원회의 초창기 모임에서 우리는 협력하는 법을 배우고, 우리 자신을 이해하고 옹호하는 데 중요한 범장애 지식을 공부하고 있었다. 학부생이자 설립자인 피닉스는 우리

---

* 스스로(自) 닫다(閉)라는 뜻의 한자를 써서 자폐(自閉)라고 하는 것과 같은 맥락의 비유적 표현.

에게 리더십 자료를 제공하고, (자폐인자조 네트워크의 지침을 바탕으로 한) 이름표 만들기, 자폐인이 주도한 대학 캠프와 연수에서 얻은 지식 등을 알려 주었다. 우리는 지금도 이런 조직에 의지하고 있는데, 이는 케모브레인을 겪는 내게 큰 위안이 된다. 또 조직화 과정에서 서로에게 배우고, 우리의 기록과 의제를 되짚어 보는 것도 유익했다. 초창기 회원들은 모두 졸업했지만 새로운 학생, 교수진, 직원들이 서로 이끌고 안내하면서 조직을 형성하고 재편하며 우리는 계속 강해지고 있다. 우리는 대부분 장애인이 있는 공동체에서 자라지 않았다. 심지어 어릴 때부터 장애가 있던 사람들도 마찬가지인 경우가 많다. 비장애중심주의는 흔히 장애 어린이들이 다른 장애인들과 어울리지 않도록 조장한다. 비장애인인 부모와 보호자는 대부분 자기 아이를 되도록 '평범하게' 키우고 싶어 한다. 실제로 우리 중 많은 이가 장애인이 되기 전까지는 장애 공동체가 있다는 것을 알지도 못했다. 우리는 대부분 장애 경험을 이해하고 저마다의 경험과 지식을 공유할 **우리 같은 사람들**을 찾으러 다닌 후에야 그런 공동체를 발견할 수 있었다.

피닉스는 나에게 **신경차이성**과 **신경다양성**이라는 용어를 소개해 주었다. **신경다양성**(신경다양성 패러다임이라고도 한다)은 우리가 정보를 처리하는 방식, 읽는 방식, 감각 자극에 반응하는 방식, 사고하는 방식에 따라 뇌가 다르게 작동한다는 개념으로, 본질 그대로의 단순한 사실을 묘사한 것, 즉 관찰이다. 이 용어는 1998년에 자폐 연구자 주디 싱어가 만든 것으로, 원래는 자폐성이 있는 뇌와 관련하여 고안되었다. 자폐권리운동가이자 교육자인 닉 워커 교수는 이런 말을 했다. "한 가지 유형의 '정상적'이거나 '건강한' 뇌 또는 마음이 있다는 생각, 혹은 한 가지 종류의 '올바른' 신경 인지 기능이 있다는 생각은 **문화적으로 고안된 허구**다. 이것은 하나의 '정상적'이거나 '올바른' 민족성, 성별, 문화가 있다는 생각만큼이나 부당하다(게다가 이런 생각은 건강한 사회나 인류의 전반적인 복지에도 도움이 되지 않는다)."[19] 신경다양성과 자매 용어인 **신경차이성**은 자폐성뿐 아니라 더 다양한 진단, 다양한 뇌, 다양한 신경 유형을 묘사하기 위해 1990년대에 카시안 아사수마수가 만들었다. 차이에 관해 더 다양한 관점을 취하고자 의도된 이 용어는 정신과 진단, 학습장애, 뇌 손상, ADHD는 물론, 모든 종류의 인지장애까지, 흔히 말하는 일반적이고 뻔하고 '신경전형적neurotypical'인 방식으로 생각하지 않는 모든 뇌 유형을 포괄한다. 장애인연합&위원회 초창기 시절에 우리는 이 언어 덕분에 신경학적으로 다양한 집단(여러 신경 유형이 어우러진 우리 조직처럼)에 대해서, 그리고 우리가 제각기 다양한 방식으로 신경다양인이라는 것에 대해서 생각해 볼 수 있었다. 신경다양성은 집단에 관한 용어이고(개인은 다양할 수 없고 집단만이 다양할 수 있다), 신경차이성은 집단 안의 개개인에 관한 용어다(모든 사람이 표준이나 규범에 딱 들어맞는 건 아니다).

신경다양성 패러다임뿐 아니라, 신경다양성 **운동**도 있다. 신경다양성 패러다임은, 어떤 사람들의 사고 패턴은 다른 사람들과 차이가 있다는 사실에 대한 진술로, 단순한 관찰 결과다. 신경다양성 운동은, 신경다양성 패러다임을 실질적으로 적용하여 신경다양인의 권리를 추구하는 움직임으로, 신경학적으로 다양한 모든 사람을 사회의 일원이자 시민으로 존중해야 한다는 목소리다. 이 운동은 **사람들이 정보를 처리하는 방식, 사고하는 방식, 경험하는 방식이 다양하다는 사실을 인정하는 데서 더 나아가 이런 다양성을 가치 있게 여기고, 우리 모두의 존재 방식을 포용해야 한다**고 주장한다.

신경차이성과 신경다양성 같은 개념은 장애의 (의료적 모델이 아니라) 사회적 모델에 근거를 두고 있다. 이런 개념 덕분에 사람들은 신경차이성의 다양한 유형을 장애만큼이나 정확하게 이야기할 수 있다. 여러분이 신경다양인이라고 말하는 것은 장애 공동체를 공개적으로 지지하는 행동이다. 신경다양성 패러다임으로 표현된 사회적 구성 요소들을 이해하면 환경이 장애를 드러내는(또는 문제나 논쟁거리로 주목받게 하거나 장벽이 되는) 방식이 보인다. 건축학적 배치가 달라지면 건물이나 풍경 속을 지날 때 신체 장애가 두드러져 보이기도 하는 것처럼, 사회적 규범과 기대는 신경차이성을 장애로 만든다.

눈을 바라보는 행동에 대해 생각해 보자. 신경전형인들은 대체로 상대와 눈을 맞추는 것이 신뢰의 표시이고, 눈을 제대로 바라보지 못하면 거짓말을 하고 있거나 부끄러워하는 것이라고 말하는데, 이것은 눈 맞춤에 대한 문화적 관점일 뿐이다. 북아메리카와 유럽에서는 직접적인 눈 맞춤을 중요시하여 이해, 약속, 신뢰의 표시로(반대로 눈 맞춤이 부족하면 무례하고 전문가답지 못하며 무관심하다는 표시로) 여기지만, 다른 문화에서는 직접적인 눈 맞춤을 무례하거나 공격적인 태도로 간주한다.

눈 맞춤에 대한 관습적인 기대는 기술 시스템에 내장된다. 가령 온라인 시험과 면접 시스템은 지원자의 집중도나 신뢰도 같은 것을 평가하기 위해 눈동자 움직임을 추적하는데, 만약 여러분이 비대면 시험이나 면접을 보면서 일반적으로 기대하는 방식대로 눈 맞춤을 하지 못하면, 그 시스템은 여러분의 눈 맞춤이 비정상이라고 평가할 것이다. 사람들의 부정행위를 찾아내는 시험 감독 앱 프록터유를 포함해 여러 AI 소프트웨어에 드러난 인권 침해는 말할 것도 없고, 그런 앱들에는 다른 문제점도 아주 많다. 최근에 프록터유는 시험 치는 사람들을 모니터한 화면을 다수 보관하고 있는 등 정보 보호에 소홀하여 점점 많은 항의를 받고 있다. 그런데 이 회사가 보관한 화면 중에는 일부 우는 사람들이 포함되어 있었고, 우는 행위는 부정

행위로 표시되었다.[20] 여기에는 사람의 눈을 보는 것이 좋은 평가 기준이 된다거나 눈이 무언가를 나타내는 표시라는 가정이 깔려 있다. 하지만 시선 추적은 몹시도 신뢰할 수 없는 방법이다. 한 발짝 양보해서 자폐인이 아닌 사람들만 대상으로 하고, 시각장애인에 대해서는 타협한다고 가정한다 해도 마찬가지다.

　일부 신경다양인들은 눈 맞춤에 대한 북아메리카의 문화적·사회적 규범과 싸운다. 눈 맞춤은 (다수 자폐인을 포함하여) 많은 사람에게 불편하고 괴로운 일이다. 심지어 이 사회적 규범에 순응하더라도 사람들이 눈 맞춤을 잘못 '하는' 길은 많다. 지나친 눈 맞춤(응시하기)과 깜박이지 않는 눈 맞춤은 흔히 적대적이거나 어색하거나 소름 끼치게 하는 행위로 해석된다. 모든 자폐인이 이런 눈 맞춤 규범과 기대에 맞추기를 어려워하는 것은 아니고, 누가 자폐인인지 아닌지 구분하는 데 눈 맞춤이 신뢰할 만한 지표가 되는 것도 아니다. 그런데도 많은 사람이 온통 자의적이고 많은 편견이 투사된 이 규범에 맞추려고 고군분투한다. 한 친구가 생각난다. 시각장애인인 그 친구는 말하는 사람 방향으로 눈을 향하도록 일부러 배웠다. 사람들은 그녀가 그렇게 해야 자기들 말에 집중하는 것으로 생각하기 때문이다. 물론 그녀가 집중을 더 하는지 덜 하는지는 눈길과 아무 상관이 없지만 말이다. 손가락이 다섯 개인 보철 손의 경우처럼, 장애인이 사회적 규범에 순응하는 것은 대개 비장애인을 편안하게 하려는 의도에서다. 일부 자폐인들에게는 눈 맞춤이 곧 집중이라는 표시가 아닐뿐더러, 오히려 산만하거나 부담스럽다는 적극적인 표시일 수도 있다.

나는 자기가 자폐인이라고 소개하던 한 학생과 만난 날을 기억한다. 그녀는 나에게 "오늘은 눈 맞춤을 덜 해도 될지" 물었다. 눈 맞춤이라는 허울(자폐인들이 '마스킹masking'이라고 부르는 것의 한 형태로, 신경전형인들을 편안하게 해 주기 위해 사회적 규범을 지키는 행동)을 유지하는 것은 진 빠지는 일이었기에, 그녀는 우리의 작업에만 집중할 수 있기를 원했다. 우리는 서로 반대 방향을 바라보면서 공동 연구에 관해 생산적인 대화를 나누었다. 눈 맞춤은 전혀 필요하지 않았다.

'정상적'이고 좋은 뇌의 유형이 따로 있다는 생각은, 닉 워커의 말처럼 '문화적으로 고안된 허구'다. 신경다양성의 관점으로 생각할 때 우리는 학습, 인지, 발달, 정신 건강, 지적장애의 유형이 다른 모든 사람이 서로의 차이 속에서 공통점을 찾아 함께 일하는 빅텐트big tent*를 세울 수 있다. 그리고 우리가 바꿀 수 있는 구조와 기대와 규범을 인식해, 그것들을 재정립하고 유연하게 확장함으로써 다양한 방식으로 존재하고 경험하

---

* 다양한 견해나 스타일을 가진 개인·조직의 집합체. 또는 특정 이념이나 정치적 견해에 한하지 않고 여러 세력을 통합하자는 주장.

는 사람들을 환대하는 매력적인 세상을 만들어 갈 수 있다.

신경다양성과 신경차이성이라는 개념과 이론은 주로 자폐인과 ADHD가 있는 사람들에게서 나온 것이지만, 여러 장애 공동체 안팎에서 이 개념을 채택하고 공유했다. 더러는 장애인으로 간주되는 데 반대하는 뜻으로 신경차이성이라는 용어를 사용하는 사람들도 있다. 즉, 장애의 사회적 모델 덕분에 이 '부적응자'들이 비장애인의 세계와 자신을 동일시할 수 있게 된 것이다. 그리고 이들에게 차이는 단지 자신의 현실과 사회적 의사소통의 기대치가 일치하지 않을 때만 생기게 된다. 그러나 수많은 신경다양인에게 중요한 것은 스스로를 더 큰 장애 공동체의 일부로 보는 것이다.

마거릿 프라이스, 엘런 새뮤얼스, 새미 샬크 같은 장애학자들이 **몸마음**을 이야기하는 데는 이유가 있다. '순전히' 물리적이고 신체적인 장애가 우리의 경험과 마음에 영향을 미치듯이, 신경차이성과 그로 인해 생긴 트라우마 역시 우리 몸에 영향을 준다. 신경다양인들은 신경전형인처럼 보이려고 가장하거나 자신에게 맞지 않는 형식으로 주어진 정보를 처리하려고 애쓸 때 신체적인 고통과 극도의 피로를 느낄 수 있다(청각 정보를 처리하는 데 어려움이 있거나 이명이 있는 사람이 음성 정보를 다루려고 할 때와 같다). 장애인들은 여러 건의 진단을 받은 경우가 많은 데다가 다른 만성 질환도 있는데, 일부 신체 장애와 질환은 신경차이성과 연관이 있다. 예를 들면 자폐인들에게는 엘러스-단로스증후군(유전성 결합조직 질환), 기립성빈맥증후군(일어설 때 심박수가 비정상적으로 증가하는 질환), 소화계 문제에 연관된 복통이 더 많이 발생한다.

장애는 개별적으로나 공동체 차원으로나 믿을 수 없을 만큼 다양하고, 때때로 장애인들은 예상치 못한 상황에서 삶을 풍요롭게 하는 범장애적 관계를 맺는다. 하지만 개인의 한계에 초점을 맞추는 의사나 물리치료사 들의 진료실에서는 이런 연결이 잘 일어나지 않는다. 임상 환경에 지원 제도나 동료 멘토 그룹이 있더라도, 그런 그룹은 흔히 범장애적 이해를 도모하기보다는 한 가지 장애에만 집중하고, 장애인에게 정말로 중요한 것이 뭔지 고민하지 않는 비장애인 조력자가 프로그램을 이끌어 간다. 장애 지원 전문가들 사이에서 우리의 다양성과 공동체간 연결은 과소평가된다. 이런 그룹은 환경, 기대, 관계, 규범에 초점을 맞추는 경험적 또는 관계적 접근법이 아니라, 장애 자체에만 초점을 맞추는 병리학적 접근법에 의존한다. 일부 유형의 신경다양성은 단지 사회적 행동 규범(전형적인 방식의 눈 맞춤을 해야 하고 지나치게 조바심치지 말 것 등) 때문에 장애로 규정된다. 반대로 신경차이성의 어떤 양상은 사회적 모델로 보아도 장애로 규정되고, 심지어 사회 구조가 신경다양인의 다양성을 포용하도록 바뀐다고 해도 그대로 장애로 남게 된다. 그렇긴 하지만, 사회 구조 문제를 다루면 장애인과 신경다양인의 삶을 상당히 개선할 수 있다.

- 임의의 장애물이 없는 환경
- 특정 상황에서 무엇을 해야 할지 기대하는 바가 명확하되, 그 기준이 유연하게 조정될 수 있으며, 다양한 필요를 충족시킬 수 있게 변화 가능한 환경
- 모든 형광등이 꺼지고(그 대신 편두통을 유발하지 않는 다른 것으로 대체하고) 깜박거림이 없는 환경
- 조용하지만 적당한 백색소음이 있고, 소음 차단용 헤드폰을 써도 주목받지 않는 환경
- 안절부절못해도 괜찮고, 사람들이 각자에게 유용한 방식으로 움직이고, 앉고, 서 있어도 되는 환경
- 마감 일정이 유연한 환경
- 엘리베이터가 설치되어 제대로 작동하거나, 처음부터 엘리베이터가 필요 없게 설계된 환경
- 모든 곳에 경사로와 난간이 있는 환경
- 식품에 표시가 명확하고, 교차 오염이 일어나지 않는 환경
- 모든 사람이 콘서트에 갈 수 있으며, 놀이공원의 놀이기구에 탈 수 있고, 신호 없이 갑작스럽게 작동하는 일 없이 여러 오락과 즐거움을 함께할 수 있는 환경

- 활동을 멈추고 쉴 수 있는 장소가 마련된 환경
- 생방송을 포함하여 모든 방송에 자막과 이미지 설명 옵션이 있는 환경
- 특정 성별을 차별하지 않는 화장실[21]이 많고, 성인용 기저귀 교환대가 있는 환경
- 줌 회의에 참석할 때 카메라를 끌 수 있고, 필요에 따라 선택할 수 있는 온라인 옵션이 있는 환경
- 그 밖에 포용성 높은 환경

  그러나 사회적 모델의 영향을 받은 이러한 변화(이 중 다수는 보편적 설계에 해당한다)에도 불구하고, 많은 사람이 여전히 어려움을 겪을 것이다. (합리적으로 변경된 시설 덕분에 고통을 덜 받게 되고, 필요한 순간에 언제든 멈추고 쉴 수 있게 되더라도) 일부는 여전히 고통을 겪을 것이다. 일부는 집중력이나 주의력 변화로 인해 마감일이나 작업 과정에 유연성이 필요할 것이다. 어떤 사람들은 여전히 탈진과 피로를 삶의 일부로 경험할 것이고, 의사소통을 위한 장비와 형식이나 기교가 여전히 필요할 것이다. 또는 (식사, 목욕, 청소 같은) 일부 과업을 해내기 위해 다른 형태의 도움이 필요할 것이다. 다시 말해, 사회적 모델을 통한다고 해서 모두가 비장애인이 되지는 않을 것이다. 사회적 모델은 단지 우리가 개혁하고자 하는 환경을 바꿀 뿐이다.[22]

그렇기에 장애를 정치적으로 그리고 관계적으로 이해하는 것이 중요하다. 지금껏 신체의 자율성, 재생산, 이민, 교육, 포용, 심지어 공공 서비스를 둘러싼 논의에서도 기준은 언제나 비장애중심주의였고, 특히 소수화된 그룹을 둘러싼 논의에서는 그 편향이 더욱 심했다. 장애를 대하는 태도는 장애와 상관없는 중요한 사회적 문제를 고려하는 방식에도 영향을 미치는 경우가 많다. 대의권, 임신중지, 복지, 투표, 범죄 등에 관한 논의는 장애의 경계에 흔히 들러붙어 있는 편견의 영향을 받는다. 예컨대 결정을 내릴 적임자는 누구인지, 누구의 생명이 가치 있는지, 교육 제도와 지역사회에서 구성원들이 받을 만한 지원은 무엇이 있는지, 비상대비계획은 누구 또는 무엇을 위한 것인지(그리고 비상 상황에서 죽게 될 사람은 누구인지), 치안과 사회사업과 공중보건은 어떻게 정의되고 집행되는지 같은 논의 말이다. 우리는 장애가 어떻게 정치적으로 규정되고, 이해되고, 무기화되었는지 과거에서 배울 수 있다. 그리고 현재 시스템이 오랜 비장애중심주의적 편견을 어떻게 영속시키고 있는지 안다. 사회적 모델 연구와 보편적 설계로 좀 더 살 만하고 접근성이 나은 공간을 만들 수는 있지만, 신경다양인들이(그리고 다른 장애인들이) 실질적이고 장기적으로 사회에 받아들여지려면 현재의 불공정을 만들어 내고 구체화한 법과 신념, 정책의 문제를 다루어야 한다.

신경차이성에 대한 병리학적 또는 의학적 접근법은 종종 지역사회에 폭력을 불러왔다. 우생학이 신경다양인에게 불리하게 적용된 오랜 역사가 있다. 자폐성 장애를 비롯해 조현병, 양극성기분장애, 다양한 정체성 장애는 물론이고 온갖 유형의 발달장애 및 지적장애 등 특정 종류의 정신질환이 심각한 신경차이성의 유형으로 낙인찍혔다. 1900년대 북아메리카 전역에서 이런 신경다양인을 '처리'하는 가장 일반적인 방식은 시설에 수용하고 강제로 불임 수술을 하는 것이었으며, 특히 가난한 사람, 흑인, 토착민들이 희생되었다.[23]

'결함 있는', '정신 박약인', 바람직하지 않은 사람에 관한 서사는 20세기 전반에 비장애중심주의와 폭력적인 사회 운동을 양산했고, 그 뿌리 깊은 유산은 지금도 남아 있다. 장애인, 특히 신경다양인을 '쓸모없는 식충이'(나치 용어), '퇴행한 인간'(미국에서 쓰이는 용어)으로 취급하는 비인간적인 서사를 우리는 수없이 목격해 왔다. 미국과 독일 모두 인류의 유전자 풀을 개선하고 최고의 자손을 생산하겠다는 목표를 노골적으로 추구했다. 장애, 특히 선천적 장애를 없애는 것은 '약자와의 전쟁'(역사학자 에드윈 블랙이 미국의 우생학 캠페인에 관해 쓴 책의 제목)의 일환이었다. 퇴행한 유전자가 후손에게 전해지지 않게 뿌리 뽑는 것이 사회적·정치적 계획으로 용인되었고, 그렇게 하는 것이 '진보적인' 대의로 여겨졌다. 우생학 캠페인은 장애인

뿐 아니라 '다른' 사람 모두를 겨냥했다. 지배 집단이 보기에 유전적으로 약하거나 열등한 사람(유대인, 토착민, 집시, 흑인, 동성애자 포함) 전부가 제거 대상이었다. 특정 인구 집단이 질병에 더 취약하고, IQ가 낮으며, 생산성이 떨어진다는 생각은 특정한 사회적, 기술적 프로그램이 사람을 겨냥해 개입하는 것을 정당화하는 체계와 논리를 제공했다.

우생학 정책은 최신 과학기술 덕에 가능했다. 에드윈 블랙이 썼듯 IBM(그렇다, 오늘날 우리가 아는 그 회사, 현재 자폐인 근로자를 위한 교육 프로그램이 있는 바로 그 IBM을 말한다)은 히틀러와 협력하여 '바람직하지 않은 자'들을 말살하는 홀로코스트에 힘을 보탰다. 실제로 에드윈 블랙은 "나치 독일은 미국 이외 지역에서 IBM의 가장 중요한 고객이었다"라고 썼다.

> 히틀러가 유대인, 동성애자, 여호와의 증인, 그 밖에 나치의 적들을 박해하는 속도를 높이고 그 과정에 필요한 여러 핵심 요소를 자동화하는 데는 과학기술의 도움이 있었다. 바로 그 기술적 해결책을 IBM과 나치가 공동으로 설계했으며, IBM은 그것을 독점적으로 생산했다. 그렇게 주문 설계되어 IBM이 생산한 천공 카드*는 IBM이 나치에 대여한 기계가 분류함으로써, 유대인 및 다른 사람

---

* OMR 카드의 시초가 된 물건으로 정보의 검색, 분류, 집계 따위를 위하여 일정한 자리에 몇 개의 구멍을 내어 그 짝 맞춤으로 숫자, 글자, 기호를 나타내는 카드.

들의 신원을 확인하여 그들을 사회에서 고립시키고, 재산 몰수, 강제 추방, 강제 수용, 궁극적으로는 그들을 조직적으로 관리하고 몰살하는 것을 도왔다.

IBM 데이터가 집계하고 거론한 항목 중에는 (특정 바이러스에 감염된 사람들의) 나이 정보, 인종 특성, 질병, (루푸스, 매독, 당뇨, 독감 같은) 장애 정보가 있었다. IBM 엔지니어들과 나치 후생 전문가들은 천공 카드를 사용해서 이런 정보를 표로 작성하고 분류했다. 《약자와의 전쟁》[*]에서 블랙은 IBM의 독일 지사장 빌리 하이딩거의 말을 인용하는데, 1934년에 그는 나치 공무원들에게 "독일의 생물학적 운명을 위해 IBM이 무엇을 할 것인가에 관하여" 다음과 같이 말했다.

> 의사는 인간의 몸을 검진하여 각 기관이 유기체 전체에 이롭도록 작동하고 있는지 판단한다. …… 우리(IBM을 말함)는 독일의 문화 조직체를 세포 단위로 상세히 분석한다는 점에서 의사와 매우 유사하다. (이것은 분류용 천공 카드 시스템의 참조 목록이다.) 이런 특징들은 우리 문화 조직체의 기관처럼 분류되고, 표 작성 기계의 도움으로 계산되고 측정된다. …… 우리의 의사(아돌프 히틀러)는 그렇게

---

[*] War Against the Weak: Eugenics and America's Campaign to Create a Master Race

계산된 값이 우리 국민의 건강과 조화를 이루는지 결정할 수 있다. 그리고 이것은, 만일 그렇지 않을 경우, 우리 의사가 병든 상황을 고치기 위한 교정 절차를 밟을 수 있다는 뜻이기도 하다.

쓸모없거나 표준에서 벗어나 보이는 사람들, 사회 이익에 도움이 되지 않거나 오히려 사회에 해를 끼치는 것으로(장애의 개념에 기댄 발상) 보이는 사람들은 우생학 정책에 따라 살해되거나 생체 실험 대상이 되는 등 온갖 종류의 피해를 보았다.

한편, 우생학 정책에 채찍 대신 당근을 사용하는 '긍정적' 접근법을 취한 예도 있었다. 미국의 주州 박람회에서는 우량아 선발 대회와 우수 가족 대회가 열렸는데, 그 대회에서는 의사와 간호사들이 표준 점수 카드로 아기와 가족의 '적합성'을 판정했다. 출전한 가족은 자기들이 유전적으로 얼마나 뛰어난지(따라서 도덕적으로 '꼿꼿한지' — 도덕성과 몸자세를 표현한 말을 연관 지은 것에 주목하라) 증명하는 가계도를 제출해야 했다. 이 같은 긍정적 우생학 프로그램들은 '우수한' 가족이 더 많은 아이를 낳게끔 장려했다. 물론 그 이면에는 유전적·도덕적으로 열등한 집단이 재생산하는 것에 대한 공포가 있었고, 그것은 강제 불임 수술의 확산으로 이어졌다. 수용소와 가스실이 있던 히틀러 치하의 독일은 이런 논리의 극치를 보여 주었다. 이것이 아스퍼거증후군 진단의 시초다. 그들은 자폐인 중에서도 시민으로 이바지할 가능성이 있어 보이고, IQ가 높으며, 무언가 가치 있을지도 모르는 우수한 부류를 별도로 진단했다. 여느 자폐인이나 신경다양인과 달리 아스퍼거증후군으로 진단받은 사람들은 '살 가치가 없는 생명'으로 분류되지 않았다.

　600만 유대인이 학살되기 전, 나치가 맨 먼저 가스실로 보낸 사람들은 T4 프로그램의 목표 중 하나인 장애인들이었다. 1939~1941년 사이, 나치는 의학 전문가들에게 T4 프로그램에 따라 '안락사'(자비로운 살인)에 처할 부적격자들을 판별할 권리를 주었다. 첫 번째 대상은 뇌성마비, 다운증후군, 그 밖의 선천적 장애가 있는 어린이와 성인이었고, 그다음은 만성 질환, 정신 건강 문제가 있는 성인, 그리고 비독일인 범죄자였다. 독극물 주사와 굶겨 죽이는 것이 비효율적이라고 판정되자, 나치는 샤워실로 위장한 가스실을 사용하기 시작했다. 사랑하는 가족을 시설에 보낸 사람들은 실제 상황을 알지 못했다. 그들은 시설에 있던 가족이 폐렴으로 사망해 화장되었다는 통보를 받았다. 정신질환자 보호 시설에 있던 사람들은 모두 살해되었고, 남은 가족과 친구들은 그들이 병에 걸렸다는 거짓말을 들었다. 장애학자 섀런 스나이더와 데이비드 미첼은 나치 정권하에서 약 30만 명의 장애인을 의학적으로 살인한 장애 역사의 이 장면을 알리고자 〈처분할 수 있는 인간〉이라는 다큐멘터리 영상을 제작했다.[24]

여기서 우리는 사람들이 사회적으로 어떻게 읽히고 이해되는지에 관한 더 큰 그림을 생각해야 한다. 장애를 일으키는 특정 질병을 치료하려고 애쓰지 말아야 한다거나 더 나은 의학적 개입을 추구하지 말아야 한다는 얘기가 아니다. 다만 이러한 개입이 그저 개인 차원에 머물러서는 안 된다. 그 치료가 종종 끔찍한 일로 이어졌기 때문이다. 우리에게는 장애 문제에 관한 역사적·정치적 감각이 필요하다. 소위 '우리를 위한' 자선 단체로 불리는 기관 중 일부는 우리의 역사를 모르거니와 우리와 연관성도 없다. 그들은 장애를 개인적 성과나 능력의 문제로 제시하면서 우리가 존재하는 맥락을 경시하거나 아예 무시한다. 과거에 포스터 아동이었던 사람들과 그 외 장애권리 운동가들은 모두 근이영양증협회의 술책에 대해 엄청나게 많은 글을 써 왔다. 그리고 지난 20년간 장애인을 위한다는 자선 단체들의 광고와 모금, 그들의 목적 달성을 위한 수사법 등을 다룬 장애 비평은 오티즘스픽스에 집중되어 있다.

오티즘스픽스(팝 가수 케샤가 자기 이름에 달러 표시를 넣어 Ke$ha*로 쓰듯이 장애 비평가들은 흔히 Autism Speaks를 'Autism $peaks'로 풍자한다)는 2005년에 수잔 라이트와 밥 라이트가 설립했고, 이들의 손자가 자폐성 장애 진단을 받았다. 오티즘스

---

* 케샤 로즈 세버트. 미국의 팝 가수이자 싱어송라이터로, 한때 Ke$ha라는 이름으로 활동했다.

픽스가 주관한 광고 중 하나인 '나는 자폐입니다'에는 그들의 말과 행동에 깃든 수많은 문제가 여실히 드러난다. 자폐인자조 네트워크 회원들이 캠페인을 벌여 2007년에 중단시킨 이 광고의 문구를 아래에 인용한다. 광고 문구는 불길하고 귀에 거슬리는 목소리의 화면 해설과 아이 없이 흔들리는 빈 그네 같은 빛바랜 이미지로 송출되었다.

나는 자폐입니다. …… 나는 소아 에이즈, 암, 당뇨를 모두 합친 것보다 더 빠르게 암약하지요. 당신이 행복한 결혼 생활을 하고 있다면, 나는 그 결혼이 반드시 실패로 돌아가게 만들 겁니다. 당신 돈은 내 수중에 떨어질 것이고, 나는 당신을 파산시킬 겁니다. …… 나는 당신 가족이 성당이나 생일 파티, 공원에 편안히 다니는 것을 사실상 못 하게 만들 거예요. 당신은 발버둥 치고, 난처해하고, 고통받을 거예요. 나를 치료할 수는 없어요. 과학자들은 그럴 재주가 없고, 난 그들의 절망을 음미하죠. …… 나는 계략을 꾸며 당신의 아이와 꿈을 빼앗을 겁니다. 장담하건대, 당신은 매일 잠에서 깨어 울면서, **내가 죽은 다음에는 누가 내 아이를 돌봐 주느냐고** 묻게 될 겁니다. 진실은, 나는 계속 이기고 있고 당신은 겁먹었다는 것이죠. 물론 당신은 마땅히 그래야 하고요.

이제는 악명 높아진 이 모금 광고는 부모, 형제, 조부모가(정작 자폐인들은 여기서 목소리를 내지 않는다) 자신들은 자폐보다 더 강하며, 연대하여 맞서 싸울 준비가 되어 있다고 말하는 것으로 끝난다. 이 광고는 자폐를 아이를 훔쳐 가는 사악한 힘으로 의인화하고, 그것을 에이즈와 암에 비교하면서 사람들을 겁준다. 이 광고는 자폐를 삶과 가족을 파멸로 몰아넣는 외부인으로 규정한다. 하지만 자폐인들이 자폐성에 대해 직접 말하고 쓴 것을 보면, 특히 그들이 지지받고 연대해 있을 때, 대중은 전혀 다른 이야기를 듣게 된다. 자폐인들은 자기들 뇌가 두려움의 대상이 아니라 단지 다를 뿐임을 이야기하고, 자기들의 표현법과 행동에 대하여 온통 오해하고 있는 세상을 이야기한다. 그들에게 자폐는 맞서 싸워야 할 대상이 아니라, 근본적으로 그들 정체성의 일부다.

자폐성의 특징과 그 때문에 일어나는 일을 단정 짓는 이 광고에서, 우리는 자폐인에 대한 심각한 차별을 본다. 자폐인을 위해 봉사하는 것이 목적인 오티즘스픽스에는 아주 최근까지도 이사회 구성원 중에 자폐인이 거의 없었다. 그들의 자금 사용 맥락도 마찬가지다. 불행히도 그들은 자기들이 한 말에 책임을 졌다. 바로 그 악의적인 광고에서 낙인찍은 것과 같은 해로운 '인식'을 퍼트리는 방식으로 자금을 사용했으니 말이다. 구체적으로 이 단체는, 2018년 예산의 거의 절반을 이러한 인식 제고 활동과 로비에 썼다. 27%는 연구에, 20%는 자금 모금에 사용했고, 단 1%만 가족 봉사(실질적으로 자폐인들에게 가장 큰 도움을 줄 수 있는 지출 항목)에 사용했다.[25] 2015년, 사바나 Savannah라는 아이디를 쓰는 자폐인자조 네트워크 회원은 다음과 같이 오티즘스픽스를 비판하는 글을 썼다. "그 연구의 상당 부분은 근본적으로 발생론에 관한 것으로, 그들이 말하는 예방이란 자폐 딱지가 붙은 태아를 선택적으로 낙태하는 것을 말한다. 이것은 어느 연령대의 자폐인에게도 도움이 되지 않는 연구일뿐더러, 장애인으로(특히 자폐인으로) 살아가는 **위험**을 감수하느니 아예 존재하지 않는 것이 낫다는 생각을 부추긴다." 오티즘스픽스가 펼치는 활동은 인간 개량이라는 역사적 프로그램과 연결되어 있고, 그들의 목소리는 장애를 심각한 비극과 동일시하는 여러 자선 단체의 전반적인 메시지 중 하나임을 쉽게 알 수 있다.

2014년, 자폐인자조 네트워크는 전국자립생활위원회, 아직 안죽었어Not Dead Yet[*], 미국소인단체, 다운증후군투쟁 등의 단체와 함께 혐오를 조장하는 오티즘스픽스의 표현법에 반대하는 공동성명을 발표했다. 비록 오티즘스픽스는 여전히 재정적으로 번창하고 있으며, 자폐에 관한 구글 검색에서 가장 많은 조회 수를 기록하고 있지만, 사람들이 실제 현실에 대해 소리 높

---

* 장애인에 대한 조력자살과 안락사에 반대하는 미국의 장애권리운동 단체.

여 표현하고 널리 알리는 모습을 보면 힘이 난다. 자폐성 장애에 접근하는 현재의 방식은 여전히 많은 것을 어렵게 만든다. 말을 못 하거나 다른 지적장애가 있는 사람들 경우에는 특히 더 그렇다.

오티즘스픽스는 응용행동분석ABA이라는 치료법을 지지하는데, 현재 많은 성인 자폐인들이 이 치료법에 이의를 제기하고 있다. 오티즘스픽스는 ABA가 '근거에 기반을 둔 모범 치료법'이며, 과학적인 학습법을 사용하여 바람직한 행동을 강화하고 '부적절한 행동을 교정'하는 ABC(antecedent선행사건 - behavior행동 - consequence결과) 논리를 활용한다고 설명한다. 오티즘스픽스가 하는 설명을 들어 보자.

ABA 치료에는 여러 가지 기술이 있는데, 모두 선행사건(어떤 행동을 하기 전에 일어나는 일)과 결과(그 행동을 한 뒤에 일어나는 일)에 초점을 둔다. 자폐 아동 모두에게는 아니지만 많은 어린이에게 ABA 원칙을 적용한 집중적이고 장기적인 치료가 효과가 있음을 20건 이상의 연구가 입증했다. 여기서 '집중적'이고 '장기적'이라는 것은 일주일에 25~40시간씩, 1~3년 동안 시행하는 치료 프로그램을 말한다. 그 연구들은 지적 기능, 언어 발달, 일상생활 기능과 사회적 기술이 향상되는 결과를 보여 주었다.

ABA는 자폐 아동을 대상으로 하는 치료법 중에서 대다수 보험이 적용되는 몇 안 되는 항목 중 하나로, 상당히 광범위하게 쓰인다. 이것은 오티즘스픽스가 적극적으로 펼친 로비 활동 때문이기도 하다. 아울러 ABA를 개발하고 이용하는 단체들 역시 이 치료법에 보험이 적용되도록 로비 활동을 해 왔고, ABA 치료 전문가 수를 늘리는 데도 엄청난 성공을 거두었다. 내 강의를 듣는 학생 중에도 ABA 클리닉에서 이미 인턴을 하고 있거나, 행동분석전문가 자격증을 딸 계획이 있거나, 공인행동치료사가 되고자 하는 학생들이 해마다 있다. 장애 서비스 분야의 다른 전문직과 비교하면 수익성 면에서 전망이 좋아 그수요가 점점 늘고 있는데, 자폐 아동이 ABA 치료에 쏟아야 하는 시간이 내가 생각하기에는 엄청나다. 일부 '전문가'들은 아주 어린 아이들에게조차 1~3년 동안 매주 최대 40시간 이상 치료받기를 권한다. ABA가 사람들 마음을 끄는 이유 중 하나는 그것이 장시간의 유급 보육에 해당하기 때문이고, 더불어이 치료가 국가 및 대다수 민간 의료보험으로 보장되기 때문이다. 이런 유급 보육이 없다면 한 가정이 그런 치료를 감당하기는 버거울 수밖에 없다. 이와 달리 직업 교육이나 말하기 및언어 치료, 또는 성인 자폐인을 위한 동료 지원[*], 상담, 기술 지

---

[*] 같은 고민이나 공통점을 가진 동료들과 연결되고 소통할 수 있게 돕는 것.

원 등 자폐인들에게 권할 만한 다른 치료법에는 이 같은 지원이 없다.

그러면 자폐인들은 왜 ABA를 포함해 자폐성 장애에 대한 행동적 접근법에 반대하는 걸까? 간략하게나마 자폐인들의 말을 들어 보자. 자폐권리운동가 줄리아 배스컴은 자신의 블로그 '얌전한 손Quiet Hands'에, 손을 자꾸 움직이고 스스로 자극을 주는 행동이 얼마나 다양한 것을 의미하는지 썼다. 또 손을 (못 움직이게 하려고) 묶거나 억누르는 것에 대해, 의사소통이 아슬아슬해질 때 대화를 그만하도록 권장하는 것에 관해 썼다. "사람들이 내 손을 보면, 나는 불안해진다." 그녀는 ABA를 학대로 부른다.

응용행동분석과 특수교육교사 훈련 과정에서, 그들은 가장 중요하고 가장 기본적이며 가장 기초적인 것이 행동 통제라고 가르친다. 그런 '준비' 없이는 한 아이의 교육을 시작할 수 없다.

배스컴에게 '준비'하라고, '손을 가만히' 두라고 요구하는 것은 가만히 있기 위해 엄청나게 노력하라고 요구하는 것이다. 그런 상황에서 그녀는 감각이 '없어지고' '약해지는' 것을 경험한다. 즉, 그녀에게 손을 가만히 두라는 것은 '정보를 모으고, 처리하고, 표현하는 가장 확실한 방법'을 '억누르도록' 요구하는 것이다. ABA 치료로 자기자극행동stimming*과 손 움직임을 억제하는 것은 표현, 의사소통, 감각 경험의 중요한 부분을 제거하는 것과 같다.

ABA 치료를 비판한 배스컴의 글은 널리 공유되고 있다. 사람들은 원글에 댓글을 달아, 저마다 견뎌야 했던 트라우마와 ABA 치료 과정에서 생긴 PTSD에 관하여 이야기한다. 그들의 이야기는 자기자극행동이 감정과 감각을 조절하는 데 결정적 역할을 한다는 것을 보여 준다. 어떤 사람들은 자기자극행동을 할 수 없는 상황에서 이야기하기가 더 힘들 수 있다. 자기자극행동은 스스로를 통제하고 감각 정보를 처리할 수 있게 해줌으로써 그들이 느끼는 압도감에 대처할 수 있게 하는데, 그런 자기자극행동을 못 하게 되면 압도감을 다룰 수 없어져 말을 멈추게 된다.

행정학 석사학위를 가진 소통전문가 핀 가디너는 단체 블로그인 '사려 깊은 사람의 자폐 안내서'**에 유사한 경험을 올렸다.

내 어린 시절과 청소년기는 수치심의 정치에 흠뻑 젖어 있었다. 가족과 선생님들은 내가 존재한다는 것 자체가 근본적으로 잘못됐

---

* 특정한 감각에 지나치게 민감하거나 둔감할 때, 감각 불균형을 해소하기 위해 자기 자신에게 반복해서 자극을 주는 행동.

** A Thinking Person's Guide to Autism

다는 생각이 들게 했다. 그들이 대놓고 그런 말을 하지는 않았을지 몰라도 행동에는 그런 의미가 담겨 있었다. 나는 나에게 자연스러운 자폐인의 방식으로 나를 표현하지 못하도록 '손을 가만히' 두라는 말을 들었다. 나는 손을 계속 움직이는 게 왜 '잘못'인지 알 수 없었고, 그것은 그냥 잘못된 행동이었다. 자제력을 잃거나 감정적으로 폭발하게 되면 그것은 서둘러 진화해야 할 '행동'으로 여겨졌을 뿐, 무엇 때문에 그렇게 좌절하거나 과부하를 느끼게 됐는지는 아무도 알려고 하지 않았다.

이 글에서 가디너는 '수치심의 정치를 거부'하는데, 이것은 중요한 준거틀이다. 왜냐면 ABA는 자폐성 행동을 근본적으로 부정하는 접근법으로, 바로 자폐성 행동을 제거하기 위해 개발된 것이기 때문이다. 가디너가 지적하듯 그의 어린 시절은 대부분 수치심에 젖어 있었다. 가디너는 자신의 자폐성, 피부색, 성 정체성을 어떻게 조금씩 받아들이게 되었는지 이야기한다. 가디너 말고도 많은 자폐인이 자신들의 행동을 '정상화'하려는 ABA의 방식이 그들의 의사소통 방식, 정체성, 존재 방식을 어떻게 거부하는지에 대해 이야기해 왔다.

유명 블로거인 에이미 세켄지아는 올리비언Ollibean이라는 블로그에 자신의 ABA 경험담을 올렸다. 말을 하지 않는 자폐인으로, 자폐여성&논바이너리 네트워크에서 일해 온 세켄지아

5장 신경다양인 저항 운동

는 "정상성은 비장애중심주의적 개념이다"라는 제목으로 매우 직설적인 글을 썼다.

> ABA는 자폐인에게 해를 끼친다. 그것은 진정한 선택을 부정한다. 그것은 우리 자존감에 해롭다. 그것은 자폐 아동의 두뇌 회로에 부자연스러운 방식으로 배움을 강요한다. 그것은 자폐 아동이 일을 처리하는 방식에 훼방을 놓는다. …… 자폐 아동의 부모는 흔히 자기 아이들이 자랑스럽고 자신들은 아이들을 있는 그대로 받아들인다고 말하면서, 동시에 아이들이 신경전형적인 방식으로 일을 해 나가길 바란다. 이것은 이 사회가 자폐인의 일 처리 방식을 받아들일 준비가 되어 있지 않기 때문이고, 부모들은 아이를 받아들이고 있는 것이 아니라, 아이에게 커다란 짐을 지우고 있는 것이다. 너 자신을 바꾸지 않으면 세상이 너를 미워할 것이라는 짐을.

세켄지아는 개인적인 경험과 공동체 및 사회화에 관한 지식을 공유하면서 이런 생각들을 설명해 나간다.

'이상하지 않은 마음Unstrange Mind'이라는 블로그에 글을 쓰고, 자폐 수용에 관한 책[26]을 두 권 출간한 맥스필드 스패로 역시 ABA에 관한 글을 올렸다. 그는 아이들이 '나아지는' 것을 보았기 때문에 ABA를 믿는다는 자폐 아동의 부모들과 ABA가 학대라고 비판하는 성인 자폐인들 간의 오랜 갈등을 조정해 보려고 한다. 스패로는 다음과 같이 썼다.

> 치료의 목적은 그 아이가 더 행복하고 나은 삶, 자기 일을 잘 처리
> 하는 삶을 살 수 있게 돕는 것이어야 한다. 손을 팔락거리거나 돌
> 리는 행동을 못 하게 하는 것은 그 아이를 돕는 길이 아니다. 주변
> 사람들이 아이의 그런 행동을 불편해하거나 당황스러워하니까 통
> 제하는 것이다. 하지만 그런 행동은 상황에 잘 대처하고자 하는 그
> 아이의 노력이다. 아이가 그런 행동을 한다면 왜 그러는지 묻는 것
> 이 중요하다. 그런 행동이 그 아이의 자기 조절 수단이라는 점을
> 이해하지 못한 채 그냥 못 하게 하는 것은 매우 잘못된 교육이다.
> …… 꼭 기억해야 할 중요한 규칙이 몇 가지 있다. 아이들의 그런
> 행동은 의사소통 수단이자 자기 조절 수단이라는 점이다. 언어능
> 력보다 의사소통이 더 중요하다. 눈 맞춤이라는 형식보다 인간관
> 계가 더 중요하다. 신뢰는 깨지기 쉽고 다시 구축하기는 고통스러
> 울 만치 어렵다. 한 어린이가 '정상적으로 보이는' 것보다 편안한
> 상태로 자기 일을 잘 처리하는 것이 더 중요하다.

이 게시글에서 스패로는 ABA라 자칭하는 일부 치료법들이
실제로는 ABA가 아닌데도 국가 및 민간 의료보험의 적용을 받
으려고 ABA라는 용어를 쓴다는 점도 꼼꼼히 설명한다.

관련 연구들은 ABA로 단기간에 효과를 볼 수 있다고 강조한

다(물론 ABA를 비판하는 사람들은 그 효과가 과장되었다고 말하지만).
그러나 ABA를 비판하는 사람들은 이러한 행동 조절과 치료로
인한 장기적 비용을 들여다보라고 말한다. 앞에서 언급한 성
인 자폐인들처럼 ABA가 자폐인들에게 PTSD, 자해, 불안, 우
울증을 유발하는[27] 학대라고 주장하는 사람들은 이 치료의 전
체적인 취지를 지적한다. ABA 치료의 목적은 어린이들이 감정
을 다루고 의사소통하는 데 필요한 도움을 주는 것이 아니라,
비자폐인들의 편안함과 편의를 위해 자폐인의 **행동**을 바꾸는
데 있다. 이렇게 행동에 초점을 둔 치료 접근법은 그 대상자들
의 감정과 인지적 변화를 간단히 무시한다(그리고 무시하도록 설
계되어 있다).

한때 심리학자들은 자폐인에게도 내면의 삶이 있는지, 자기
가 하는 생각에 관하여 생각할 수 있는지에 대해 진지하게 의
문을 제기했었다. 자폐인들이 컴퓨터처럼 감정이 없다거나
'초남성적'인 두뇌를 가졌다는 생각은 자폐인의 뇌가 실제로
어떻게 작동하는지 알려 주기는커녕 자폐인에 대한 고질적인
편견을 더 많이 알려 준다.[28] 많은 자폐인 학자들이 지적했듯
비자폐인 전문가들은 자폐인들의 인지 기능과 경험 특성을 잘
못 규정했는데, 그런 방식 때문에 자폐인은 종종 인간성을 빼
앗기고 학대의 대상이 되었다. 실제로 자폐성 장애가 확인된
이래 사람들은 자폐인들에게 **조금이라도 감정이 있는지** 의문을

품었다. 자폐인들이 감정을 표현하는 방식이 신경전형적인 표정이나 그 밖의 사회적 규범과 다른 경우가 많기 때문이다. 분명히 말하건대, 그들이 지적장애를 가졌든 아니든, 인지적 상태가 다르든 아니든, 말을 할 수 있든 없든, 당신이 개인적으로 그들의 표정이나 행동을 이해할 수 있든 없든 상관없이, **자폐인에게는 감정이 있다.**

마음속에 무엇이 있는지, 감정 상태가 어떠한지, 인식이나 마음의 경험을 호소하는 그 어떤 설명도 행동주의behaviorism에는 부수적인 문제다(조금이라도 고려하는지 모르겠다만). 많은 독자에게 행동주의는, 개에게 종을 울리고 나서 먹이를 주면 나중에는 종소리만 들려도 침을 흘린다는, 그 유명한 파블로프의 개 이야기로 친숙할 것이다.[29] 이것은 특정 행동을 형성하기 위해 행하는 절차로, 심리학에서 말하는 고전적 조건 형성 classical conditioning이다. 행동주의는 심리학에서 수십 년 동안 유행했고, 여전히 왕성한 분야다. 가령 인지적 차이는 짐작할 수 있을 따름이지만 행동은 확실히 눈에 보여서 연구하기가 훨씬 수월한 만큼, 행동주의는 동물 행동 연구의 중심에 있다. 그리고 인간을 대상으로 하는 많은 연구와 치료법에도 흔히 쓰인다.[30] 이런 분야 전체에서 행동 치료의 핵심은 **행동을 수정하는 것**이다.

ABA 치료를 '개척한' 사람은 이바르 로바스인데, 그는 '비연

속 개별 시도'*와 집중 치료를 통해 자폐 아동의 행동을 형성하고자 '긍정 및 부정 강화'** 방법을 사용했다. 그는 1960년대부터 은퇴할 때까지 UCLA에서 ABA 개입법을 적극적으로 개발했다. 2010년, 그가 사망했을 때 나온 추모글은 기이한 이야기를 담고 있었다. 그들은 로바스를 어려운 사례(사람들)에 기꺼이 도전해 진전을 이루고자 했던 선한 인물로 그렸다. 사람들은 로바스가 강화 조치를 통해 행동을 훈련하는 과학적 접근법을 확립하기 위해 경험적 행동 분석을 사용하고 방법을 표준화한, 하나의 완전한 분야를 설립한 선구자라고 이야기한다. 사람들은 교실에서 그가 보여 준 카리스마에 대해, 그가 현장에 데려온 학생들에 관해 이야기한다. 사람들은 그가 가장 어려운 사례(자폐 아동)를 대상으로 거둔 성과, 자해하는 행동을 교정한 성과, 말하지 않던 환자들이 말하게끔 가르친 성과를 이야기한다. 사람들은 ABA의 목표가 긍정적 행동을 장려하고 부정적 행동은 제거하는 것임을 강조한다. 그리하여 로바스는 약간의 우여곡절을 겪은 성공한 인물로 그려졌다. 이것은 ABA가 더 이른 시기에(미취학 아동을 대상으로) 더 오랜 기간

———

* 아동에게 특정 행동을 시도하게 해서 잘했을 때와 못했을 때 각각 알맞은 강화 요소를 제공해 목표한 행동을 가르치는 훈련으로, 개별 행동들 사이에 짧은 간격을 두고 비연속적으로 시행한다.

** 아이의 행동에 대해 보상을 주는 등 어떤 요건을 추가해서 그 행동을 강화하는 것을 긍정 강화, 반대로 어떤 요건을 제거해서 행동을 강화하는 것을 부정 강화라고 한다.

(1~3년 동안 주당 35~40시간) 개입하는 결과로 이어졌다.

로바스의 부고 기사에서 논란거리는 거의 언급되지 않았다. 그러나 그가 일을 시작한 1960년대에 이미 연구 공동체 내부는 물론이고 공공 영역에서도 그의 방법에 의문을 품고 있었다. 1965년 《라이프》라는 잡지는 "소리 지르기, 때리기, 사랑하기"라는 기사에서 그의 혐오요법***을 강조하며, 울고 있는 자폐 아동들에게 혐오요법(여기서는 전기 충격)을 사용하는 이미지를 실었다. 하지만 로바스의 부고와 추모글은 그가 행한 '사례의 98%'가 긍정 강화였고, 더 나은 긍정 강화 방법론을 개발하는 데 헌신해 왔다고 이야기한다.

그러나 로바스가 행한 모든 일의 핵심에는 '정상적'이지 않은 사람들을 인간으로 취급하지 않는 기조가 있었다. ABA의 역사와 맥락을 이야기하는 비평가들은 로바스의 유명한 발언 중 하나를 자주 인용한다. 1974년 《사이콜로지 투데이》와의 인터뷰에서 그는 이렇게 말했다. "알다시피, 자폐 아동을 대상으로 작업할 때는 거의 처음부터 시작해야 합니다. 육체적인 의미에서는 사람이 있죠. 머리가 있고, 코와 입도 있으니까요. 하지만 심리적인 의미에서 그들은 사람이 아닙니다. 자폐 아동을 돕는 일을 사람 하나를 만들어 내는 문제로 보는 것이

*** 바람직하지 않은 행동을 할 때 고통이나 불쾌함을 느끼게 해서 그 행동을 포기하게 하는 행동 수정 프로그램의 한 방법.

　　　　　　　　　5장 신경다양인 저항 운동

이 일을 대하는 한 방법입니다. 원재료는 있어요. 그걸로 사람을 만들어 내야 하죠." 그 인터뷰 기사의 제목은 말 그대로 "소몰이 막대(전류가 흐른다)를 든 시인"이다. 인터뷰의 논조가 다소 호의적이긴 하지만 그 제목을 현재의 비판과 견해에 비추어 보면 아주 다르게 보인다! 또 로바스의 방법들은 동성애자 전환치료의 근간이 되었는데, 지금은 이것을 인정하지 않는 결론이 점점 확산하고 있다(미국의 많은 주에서 아예 금지됐다). 로바스는 (1972~1984년 국립정신건강연구소가 지원한) '여성적인 소년 프로젝트'의 주요 참여자였고, 그가 ABA 치료를 위해 개발한 많은 방법이 그 프로젝트에 사용되었다. 실제로 사람들은 ABA를 **자폐인 전환치료**라고 부른다. 두 치료 모두 높은 자살률, 우울증, 장기적 효과 부족, 자기혐오, PTSD, 받아들여지지 않아 더 힘들어진 삶 등 비슷한 부정적 결과를 불러온다.

　닉 워커가 '뉴로퀴어neuroqueer'라는 용어를 만들어 낸 분야인 퀴어-크립 학문이 이런 방법 간의 유사성에 초점을 맞춘 것은 우연이 아니다. 장애학과 퀴어학은 둘 다 ABA와 그 밖의 강제적 행동 수정 프로그램을 부적절한 접근법으로 보고 철저히 거부한다. 지금 우리는 동성애를 장애나 병리학의 관점이 아니라 서로 다른 취향이나 지향성의 관점으로 이야기한다. 심리학 바이블인《정신질환 진단 및 통계 편람》은 1974년에 동성애를 정신질환 범주에서 제외했다. 최근에는 성별 불일치 행동gender variance에 관해 이런 변화가 일어나고 있는데,《정신질환 진단 및 통계 편람》이 2013년에 성 정체성 장애gender identity disorder라는 용어를 성별 위화감gender dysphoria[*]으로 대체했다. 즉, 사람들은 이제 동성애자나 트랜스젠더를 장애 행동이나 의학적 일탈로 진단하지 않는다. 자폐인은 비자폐인보다 트랜스젠더 또는 논바이너리nonbinary^{**}일 가능성, 그리고 어떤 식으로든 자신들을 퀴어로 분류할 가능성이 훨씬 더 크다. 자폐와 성별 비순응gender nonconformity^{***} 또는 성별 불일치 행동을 연관 짓는 것은 대단히 타당하다. 자폐가 개인의 사회적 감각과 관계있고(자폐인은 흔히 사회적 행동을 측정하는 여러 항목에서 결함이 있다는 말을 듣는다), 성별이 여러 사회적 요소를 고려한 문화적 이해라면, 자폐인이 시스젠더나 이성애 규범에 부합하는 성별 감각을 가졌을 것으로만 생각할 이유도 없지 않은가?

동성애자와 자폐인 전환치료의 본질은 타인의 편안함과 편의를 목적으로 그 사람의 행동을 '정상화'하기 위해 타고난 그대로의 자기다움을 불편하고 고통스럽게 만들려는 시도다. 전

---

[*] 자기가 다른 성으로 잘못 태어났다고 느끼는 상태를 뜻하는 말. 이렇게 성별 위화감을 느끼는 사람들을 일반적으로 트랜스젠더라고 부른다.

^{**} 남성, 여성이 아닌 또 다른 성. 생물학적으로 남녀의 특징을 고루 가지고 있거나 성 정체성이 남성이나 여성 한쪽으로 정의되지 않은 경우를 이른다.

^{***} 성별 표현 방식이 사회의 일반적인 기대를 따르지 않는 경우. 중성적인 사람, 여성적인 남성, 남성적인 여성 등이 모두 해당한다.

직 ABA 치료사이자 블로거인 '불안한 옹호자Anxious Advocate'는 ABA에서 행동주의가 어떻게 순응 훈련으로 이어지는지 분석한다.

아동이 어떤 행동에 '반복적' 또는 '집착적'인 모습을 보이거나, 단순히 주변의 신경전형인이 이해하기 어려운 어떤 행동을 하면, 행동주의자들은 흔히 이런 것들을 고치려고 한다. 자기자극행동이 가장 흔한 사례이고 다른 무엇이라도 마찬가지다. 까치발로 걷기, 한 가지 주제를 너무 많이 이야기하기, 남의 말을 그대로 되풀이하는 반향언어 사용하기, 무언가에 지나치게 관심 두기, 다른 사람과 눈 맞추지 않기, 귀 막기, 장난감을 전형적인 방식으로 가지고 놀지 않기 등 행동주의자들이 '부적절하다'고 여기는 모든 행동이 그 아이가 고쳐야 할 목표가 되곤 한다.

ABA는 자폐인이 자폐성을 덜 드러내는 것을 목표로 한다. 그러나 자폐인이 신경전형인들이 편하게 느끼는 방식으로 자기 모습을 감추고 살아가도록 강요받을 때, 자기가 기분 좋거나 자연스럽다고 느끼는 것들을 외면하도록 훈련받을 때, 그들에게는 인지적, 감정적으로 막대한 피해가 발생한다. 특히나 시간이 지날수록 더 그렇다. 자폐인들은 그렇게 자기 모습을 은폐한 결과로 자폐성 멜트다운meltdown과 자폐성 번아웃

burnout을 겪는다고 지적한다. 자신을 통제하지 못하고 감정적으로 폭발하는 상태를 뜻하는 멜트다운은 더러 떼쓰는 것으로 오해되기도 하는데, 사실 이것은 과도한 자극의 징후로, 자폐인이 스스로를 재조정하는 데 도움이 되는 감정 분출이다. 그리고 신경전형적인 모습을 계속 유지하려 애쓰다 보면 번아웃에 빠지게 되는데, 극도로 탈진해 버리거나 긴장감에 압도당해 제대로 움직이지 못하는 상태가 며칠에서 몇 년까지도 이어질 수 있다. 이런 것들은 정상성을 추구하면서 자연스러운 행동을 억누른 결과 중 일부다.

현대의 ABA는 혐오요법을 멀리한다고 이야기하지만, 매사추세츠주에 있는 저지로텐버그센터JRC에서는 아직도 자폐인, 주로 말을 하지 않는 자폐인들에게 전기 충격 요법을 쓴다. 수년 전에 UN이 전시에 이런 식으로 전기 충격기를 사용하는 것을 고문으로 분류했는데도, 미국 식품의약청FDA은 여전히 이 요법을 승인하고 JRC에서는 기존 환자들에게 사용한다.

좀 더 들여다보면 혐오요법은 주변화된 아이들에게 주로 사용되는 경향이 있다. '교차 장애Intersected Disability'라는 블로그에 글을 쓰는 케리마 체비크는 #흑인이자자폐인#AutisticWhileBlack이라는 해시태그를 사용하는 셰릴 맥콜린스의 활동에 대한 글을 열정적으로 써 왔다. 체비크는 셰릴 맥콜린스와 메이미 틸의 이야기를 서로 링크했는데, 두 사람 모두 아이를 잃은 어머

5장 신경다양인 저항 운동

니다. 메이미 틸은 구타당해 사망한 아들 에밋 틸의 시신이 그대로 드러난 화면을 게시해 비겁한 인종차별주의자들에 의한 끔찍한 죽음을 증명했다. 셰릴의 아들 안드레는 2002년에 JRC에서 전기 충격으로 혼수상태에 빠졌다. 셰릴은 아들을 혼수상태에 빠트린 사건들의 감시카메라 영상을 구하려고 법원으로 향했다. 영상에는 안드레가 전기 충격을 받는 장면이 서른한 번 나온다. 《뉴욕매거진》의 2012년 기사에 따르면 JRC에서 사용된 전기 충격 기기는 배낭 형태였다. 주요 장치는 "그 안에 숨겨져 있는데, 배낭에서 나온 전선들이 옷 아래를 지나 팔과 다리에 감겨 있고, 그 전선에 전기 충격을 주는 전극이 부착되어 있다. 직원들은 원격 조종 장치를 가지고 다니다가, 학생들이 때리거나 소리치는 등 특정한 '표적 행동'을 보일 때, 그리고 전극을 제거하려고 할 때, 버튼을 눌러 2초간 전기 충격을 준다". 안드레 맥콜린스는 7개월 동안 그 배낭을 메고 있었다. 그는 묶여 있을 때도, 심지어 어머니가 방문했을 때도 전기 충격을 받고 있었다. 직원들은 안드레가 긴장을 유지하게 하려고 전기 충격을 가했다. 셰릴은 이를 목격했지만 아무 일 없는 듯 행동했다. 그래야 JRC가 그 영상을 없애지 않을 것이고, 또 그래야 그녀가 영상을 확보해서 그와 같은 학대를 사실 그대로 세상에 알릴 수 있기 때문이었다. 당시 트위터에서는 이런 관행에 관심을 촉구하는 #충격을멈춰#StopTheShock 해시태그

운동이 거세게 일어났고, 수많은 장애권리운동 단체의 지원을 받았다. 미국의 대표적인 신체 장애인 단체 ADAPT오늘의 장애인 지원 프로그램*의 시위대는 FDA 국장의 집 인근에서 집회를 벌여 이 기기 사용을 금지시켰다. 자폐인 활동가이자 학자인 리디아 X. Z. 브라운은 JRC와 전기 충격기 사용 관행에 반대하는 활동 가들의 활동과 저술 목록을 길게 정리했다.[31]

이쯤에서 다음과 같은 의문이 들 수도 있다. "ABA가 아니라면 무엇을 할 수 있는가? 자기자극행동으로 스스로에게 상처를 입히는 아이들, 아무 이유 없이 자제력을 잃고 폭발해 버리는 것 같은 아이, 자기가 원하거나 필요한 것을 제대로 표현하지 못하는 사람들에게 무엇을 어떻게 해야 한단 말인가?" 해답은 자폐인들이 적응하고 살아가고 의사소통하는 데 가장 도움이 되는 것이 무엇인지 **당사자들의 말을 들어 보는 것**이다. 유일한 해결책 같은 건 없다. 자폐는 한 가지 방식이 아니기 때문이다. 자폐인이 환경에 적응하고 살아가는 데 도움이 되는 요구사항을 어떻게 충족시킬지 알고 싶다면 성인 자폐인들에게 물어볼 수 있다. 환경을 어떻게 바꾸면 좋을지 생각해 볼 수도 있다. 가령 형광등과 너무 센 빛을 없애는 것, 가려움을 유발하지 않는 옷을 입는 것, 주변 소음을 낮게 유지하는 것, 조용한 공

---

* American Disabled for Attendant Program Today

간과 시간을 제공하는 것, 명확한 일정과 방향을 제시하는 것, 묵직한 담요와 피짓스피너* 같은 도구를 갖게 하는 것, 타인에게 해 끼치지 않는 방식으로 자기자극을 할 수 있도록 허용하는 것 등의 방법이 있다. 무엇이 효과적인지 당사자들에게 물어보고 그 방향을 따르는 것이 핵심이다.

오늘날 성인 자폐인들의 경험을 듣는 것은 그 어느 때보다 쉽고, 처음 진단받은 아이들의 부모나 새로 진단받은 성인들이 참고할 만한 연구가 이미 나와 있다. 우리에게는 미셸 서턴이 엮은 《진짜 전문가》라는 책이 있다. 자폐인자조 네트워크와 자폐여성&논바이너리 네트워크에도 부모를 위한 자료들이 있다. 온전히 자폐인들이 운영하는 매체인 '오토노머스프레스'는 신경다양인 작가들의 글만 게재하는데, 이 중에는 공동체를 대상으로 한 것도 있고, 새로 진단받은 어른들과 해답을 찾는 부모를 대상으로 한 것도 있다. 로빈 스튜어드의 책 《자폐 친화적 생리 안내서》**는 생리 기간의 모든 스트레스 요인을 분석하고 사춘기의 신체 변화와 일어날 일들을 안내하는데, 사춘기 직전의 아동이 자폐인이든 아니든 관계없이 큰 도움이 되는 자료다. 자폐인자조 네트워크에는 훌륭한 책과 안

---

* 피짓스피너를 돌리는 단순하고 반복적인 움직임을 통해 자극을 관리하고 감정을 조절할 수 있다.

** The Autism-Friendly Guide to Periods

내서의 목록이 있다. 소셜미디어에도 자폐인이 주도한 자료들이 많이 올라온다. 이 책에도 이미 몇 가지 블로그와 소셜미디어 해시태그를 언급했다. 나는 어떤 장소에 방문할 때 무슨 일을 맞닥뜨릴 수 있는지 장소별로 자세히 설명해 주는 (그래서 그곳에 갔을 때 압도당하는 심정이 들지 않도록 해 주는) 틱톡 계정의 열렬한 팬이 되었다. 그 계정은 방문하려는 장소에서 어떻게 대처해야 할지 미리 알면 좀 더 편안하게 갈 수 있는 사람들을 위해 우체국, 슈퍼마켓 알디, 그 외 다른 업무를 볼 수 있는 장소에 대하여 간편하게 안내해 준다.[32]

'기술낙관주의에 맞서 싸우고자' 하는 사람으로서 나는 자폐인 학자들이 자폐 경험에 부합하는 기술과 치료법을 만들고 홍보하는 것을 보면 기쁘다. 그리고 자폐를 위한 프로젝트라고 하지만 실상은 자폐 경험과 맞지 않는 기술들을 비판하는 것을 볼 때 희열을 느낀다. 내가 준비했던 기술과 장애에 관한 행사에서,[33] 우리는 자폐 기술에 관한 토론자로 나섰다. 토론자는 비자폐인 연구자 한 명과 자폐인 학자 네 명으로 구성했다. 비자폐인 연구자는 나의 장애학 동료인 캐럴린 시버스였고, 자폐인 학자는 퍼듀대학교에서 인간-컴퓨터 상호작용HCI을 연구하는 루아 윌리엄스, 정책 연구를 하는 핀 가디너, 음악학 연구자이자 나의 좋은 친구인 엘리자베스 맥레인, 그리고 사회

5장 신경다양인 저항 운동

정의를 위한 공학 설계를 실천하려고 버지니아공과대학교에 오기 전 실리콘밸리에서 소프트웨어 엔지니어링을 했던 장애인연합 대학원생 림 어니였다. AI와 생명공학 분야에서 선입견에 관한 연구를 하는 기술철학자 데이미언 P. 윌리엄스가 토론을 진행했고, 적절한 질문으로 대화를 이끌었다. 환경과 기술에 대한 자폐인의 경험이 논의의 중심이었다. 어떤 특수 교육이나 인간발달 교과서에 나오는 신경전형적인 요소들은 토론에서 다루지 않았다. 진짜 전문가들이 들려준 이야기는 놀라울 정도로 달랐고 새로웠다.

그 세션에서 토론자들은 자폐 기술로서 포켓몬 게임과 던전&드래곤*에 대해 이야기하는 데 놀랍도록 많은 시간을 할애했다. 엘리자베스 맥레인은 장애 문화에 관한 자신의 연구를 설명하면서 이 게임들을 문화 기술의 사례로 제시했다.

던전&드래곤이 정말 자폐를 위한 기술인지는 잘 모릅니다. 그러나 자폐인 던전 마스터들이 많이 있고, 우리는 그 공간에서 우리만의 자폐를 위한 기술을 창조합니다. 우린 포켓몬 게임도 해요.

---

* 게임 내의 규칙적인 구조와 정해진 역할이 예측 가능한 환경을 제공하기 때문에 그 속에서 자폐인이 편안함을 느끼거나 다른 사용자와 상호작용을 하는 데 도움이 될 수 있다. 이런 롤플레잉게임을 잘하려면 창의력, 전략적 사고, 협력 등이 필요한데, 흔한 오해처럼 자폐인이 다른 사람과의 상호작용이나 협력을 아예 못 한다면 이런 게임도 못 할 것이다. 하지만 실제로는 그렇지 않다.

…… 우리가 우리만의 기술을 사용하거나 다른 기술을 가져와서 그것을 암호화해 자폐를 위한 기술로 만들면 재미있죠. 우리는 사회화될 수 있고, 연결될 수 있고, 공감할 줄 알며, 고정관념을 가진 사람들이 자폐인은 못 한다고 말하는 모든 것을 다 합니다. 우린 다른 방식으로 하죠.

맥레인은 기존의 자폐 연구에 대한 과학적 접근법이나 사회적 기술을 위한 디지털 개입과는 근본적으로 다른 이런 유형의 문화 기술들이 자폐를 위한 기술을 다르게 생각하도록 한다고 주장했다.

이런 식의 자폐 기술을 찾고, 자폐인들이 그것을 어떻게 이용하는지 배우고, 그들 나름의 방식으로 활용하게 하세요. 우리가 포켓몬 게임을 할 때, 우린 포켓몬을 전부 모으고 그 모든 통계를 여러분에게 알려 줄 거예요. …… 이건 우리가 우리만의 작은 세상에 머무는 것이 아니라, 우리에게 기쁨을 주는 세계를 여러분과 공유하는 것입니다. 이건 정말 우리 영혼의 깊은 부분을 여러분과 나누는 거예요. 우리의 문화가 어떻게 작동하고 우리의 기술이 어떻게 작용하는지 여러분이 이해하길 바랍니다.

이에 대해 핀 가디너는 다음과 같이 덧붙였다.

5장 신경다양인 저항 운동

······ 포켓몬 같은 비디오 게임이 ······ "이렇게 하는 것이 너를 평범해 보이게 만들고 다른 사람과 차이 나지 않게 하는 방법이다"라고 가르치는 고전적인 ABA 형식보다 사회적 행동 모델로서 더 효과적인 경우가 많습니다. ······ 우리가 집중적으로 관심을 기울일 때 ······ 그것은 이 세상과 사람들에 대한 우리의 열정을 표현하는 한 가지 방식이죠. 포켓몬은 정말 훌륭한 사례인데요, 등장인물들이 우정의 중요성, 상대의 말을 경청하는 것의 중요성을 이야기하고, 트레이너와 포켓몬 간 교감의 중요성을 이야기하기 때문입니다.

그는 다음과 같은 의견도 제시했다.

게임의 일부 측면, 예를 들어 누군가와 눈을 마주칠 때마다 결투가 시작되는 것은, 많은 자폐인에게 중요한 의미일 수 있습니다.

이 대화는 자폐인에게 적합한 게임과 디지털 기술에 관한 광범위한 논의로 이어졌다. 가디너는 자폐인들이 좋아하는 또다른 게임으로 심즈를 언급했고, 림 어니는 "맞춤형 이모티콘과 목적 중심의 서버 구성, 이 두 가지에 유연성이 있어서 자폐인 스타일의 의사소통을 촉진해 자폐 사용자들이 쉽게 적응할 수 있는" 소셜 네트워크 플랫폼으로 디스코드를 꼽았다. 가디너는 자폐인들이 원하는 것이 무엇이며, 그들이 그것을 어떤 방식으로 활용할 것인지 기술적인 논의를 이끌도록 하는 것이 중요하다고 지적했다. 이것은 자폐인들에게 비자폐인들이 하는 방식으로 게임을 하도록 가르치자는 것이 아니라 "우리 없이 우리에 대해 결정하지 말라"[*]는 장애권리운동의 교훈이 이 공간에 전달되도록 하기 위함이다. 자폐인의 방식으로 공간을 사용하는 법을 자폐인들에게 배워야 한다는 뜻이다.

토론자들은 자폐인들의 지지를 받지 못하는 자폐 기술이나 ABA 같은 개입에 반대했고, 자폐인들의 전문성을 인정하고 관련 기술 논의에서 자폐인에게 힘을 실어 줄 필요가 있다고 한목소리로 주장했다. 그리고 던전&드래곤과 마찬가지로 다른 자폐 기술들도 처음부터 자폐를 위해 쓰일 거라고 예상한 것은 아니었다는 점을 지적했다. 한 예로 어니는 이렇게 말했다. "지금 내가 제일 좋아하는 자폐 기술은 통상적으로 자폐 기술로 여기지 않는 것입니다. 그건 바로 와이파이 연결이 없는, 그래서 방해받을 일이 없는 내 디지털 타자기죠."

그들은 학계의 뿌리 깊은 비장애중심주의 시스템에서 자폐인 연구자들이 직면하는 문제도 논의했다. 어니는 신경공학 학회에서 발표한 적이 있었는데, 그때 "바로 옆에 있던 포스터의 연구 내용은 특별히 자폐성 실험 쥐들에 초점을 맞추어 자

---

[*] Nothing About Us Without Us. 어떤 정책의 영향을 받는 당사자들이 직접 참여하지 않는다면 그 정책은 어떤 대표에 의해서도 결정되어서는 안 된다는 슬로건.

5장 신경다양인 저항 운동

폐인을 치료하는 개입법을 개발하는 것이 목표였다"고 회상했다. 어니는 그 연구자에게 쥐의 자폐성을 어떻게 구현했는지 물었고, 연구자의 대답에 따르면 그 쥐들은 "겁이 많았다"고 한다. 어니는 말했다. "그들이 상상하는 자폐인의 모습은 정말이지 완전히 무지로 가득 찬 온정주의에서 나온 것입니다." 다른 토론자들도 자폐성 실험 쥐들이 자폐에 대한 아주 형편없는 근사치라는 점은 제쳐두더라도, 그 연구 모델 자체가 우습고 터무니없으며, 자폐성 행동에 대한 빈곤한 해석에 근거를 두고 있다고 말했다.

인간발달학자 캐럴린 시버스는 사람들이 '자폐성을 띤' 쥐를 만들어 내는 방법 중 하나가 쥐의 뇌량을 줄이는 것이라고 설명했다. 물론 이것은 사람에게 나타나는 자폐 메커니즘과 아무런 관계가 없다. 자폐가 이런 실험 쥐를 통해 연구되면, 어니 옆 포스터의 발표자 같은 연구자들 사이에서는 물론이고, 사랑하는 사람들을 위해 정보를 찾는 일반 대중에게도 심각한 오해가 생긴다. 이와 유사한 일이 내 암 치료 그룹에서 정기적으로 일어난다. 사람들은 암세포를 죽이는 여러 종류의 화학물질에 관한 '인 비트로in vitro' 연구에 아주 흥분하는데, 아마도 그것을 집에서 시도해 볼 수 있는 온갖 일에 투사할 것이다. '인 비트로'라는 용어가 배양용 접시 안에서 이루어지는 연구 (그리고 '인 비보in vivo'는 동물 생체 안에서 이루어지는 연구)를 뜻하는 말임을 파악하지 못하고서 말이다. 그런 연구가 흥미롭지 않다는 말은 아니다. 다만 그것은 그다지 멀리 나아간 것도, 신뢰할 수 있는 것도, 그 지점에서 인간에게 적용하기에 유용한 것도 아니다.

시버스는 자폐를 위한 기술 개입 연구들이 무의미한 의사소통 규범을 다시 강조하는 사례가 얼마나 많은지, 또 자폐인을 덜 자폐적으로 보이도록 '가르치기' 위해 로봇을 이용한 게임, 가상현실 시뮬레이션이나 비디오 모델링을 통해 아주 엄격한 행동 규범을 만들어 내는 시나리오가 얼마나 많은지 이야기했다. 토론자 루아 윌리엄스는 이에 대해 인상적인 의견을 제시했다. "그건 사회적 반응을 요구하는 각본 때문에 자폐인들이 피해를 봤다고 말하면서, 한편으로는 우리가 그들에게 모범 답안대로 사회적 반응을 보여 줬다는 뜻이기도 하죠." 윌리엄스는 이런 아이러니를 사람들이 인식하지 못한다는 것을 놀라워했다. 토론자들은 자폐인을 위한다는 명목으로 만들어진 여러 도구 중 어떤 것도 흥미로운 자폐 기술로 여기지 않았다. 그리고 자기들이 좋아하는 자폐 기술이 치료법으로 쓰여서는 안 된다고 의견을 모았다. 그런 기술은 사회적 각본이나 규범적 행동 패턴을 연습하는 수단으로 변질되지 않고 즐겁고 재밌으면서 자폐성을 띤 그대로 허용되어야 한다.

윌리엄스는 HCI 연구실에서 그들 용어로 '역개입countervention'

이라고 부르는 방법을 사용한다. 역개입은 '역으로counter-'와 '개입intervention'의 조어로, 연구에 참여한 장애인이 (말 그대로 역으로) 개입해 연구자가 가정을 수정하도록 돕는 것을 말한다. 즉, 장애 주도 기술(특히 그들의 최신 연구에서는 자폐인 주도 기술)을 만들기 위해서 과학기술 프로젝트의 방향을 바꾸는 것이다. 윌리엄스는 지금까지 자폐를 위한 기술적 개입의 90%는 '표준적인 사회적 상호작용을 훈련하기 위해' 의도된 디지털 경험 같은 사회화 기법을 향해 있었다고 설명했다. 그리고 이런 유형의 개입은 결국 자폐인들의 자살 경향성을 높인다고 설명했다. "우리가 장애에 개입하는 방식, 특히 자폐를 위한 기술적 개입 대부분이 사회화 기법을 목표로 한다면, 그건 우리가 자폐 어린이들의 자살 성향을 높이고 있는 꼴입니다." 윌리엄스는 기술을 개발하는 접근 방식 면에서 지금의 판을 뒤집고 자폐인의 규범과 문화를 중심에 두는 접근 방식을 구상하고 있다. 그의 연구 동료들은 자폐 어린이들이 자기들에게 도움이 되는(주변 사람들이 그 아이들에게 바라는 것이나 연구자들의 생각이 아니라, 아이들의 목표를 중심에 두는) 방향을 기술 설계자들에게 알려 주는 방식을 제안하고 있다.

맥레인은 자폐를 규정하는 연구 대부분이 8~12세의 백인 소년을 대상으로 한다는 점을 지적했다. 그리고 감정이 없는 로봇 같은 모습으로 정형화된 자폐인의 이미지는 대부분 **정신**

적 외상을 입은traumatized 자폐인의 사례에서 나왔다는 점도 언급했다. 이것은 비단 ABA 치료가 아니더라도, 자신들을 온전히 인간으로 여기지 않는 세상, 자폐에 친화적이지 않은 세상에서 살아가느라 실제로 많은 자폐인이 정신적인 충격을 받기 때문이다. 맥레인이 말하듯, "우리는 로봇이 아니다. 우리는 그저 트라우마가 거듭되는 상태로 살아가고" 있다. 그녀는 다른 자폐인들과 함께하는 기쁨을 이야기했다. 그런 곳에서는 자폐인의 규범을 따르면 되고 사회적 가면도 필요 없다. 내가 4장에서 절단인 모임에 가는 기쁨을 이야기한 것이 기억나는가? 아무도 나를 응시하지 않고 다양한 방식으로 움직이며 사람들과 춤출 수 있다는 것이 얼마나 편안하고 즐거웠는지 말이다. 장애를 가진 몸과 마음에 알맞은 이런 공간들, 우리의 경험을 이해하는 다른 장애인들로 가득한 그런 장소들은 우리가 적대적인 세상에서 벗어날 수 있는 중요한 피난처다. 맥레인은 다음과 같이 설명했다. "우리가 직접 겪는 자폐는 외부인이 묘사하는 것과 너무나 다릅니다." 이것이 바로 **자폐인에게 귀 기울여야 하는** 이유다. 그들이 말로 하든, 자판을 두드리든, 그림을 가리키든 상관없이, 그들의 의견을 경청하는 것이야말로 자폐인의 번영을 돕고 바람직한 자폐 기술을 개발하는 데 무엇보다 중요하다.

엘리자베스 맥레인은 내 친구이자 동료다. 이 말은 우리가 장애로 인한 많은 어려움을 함께 겪는다는 뜻이다. 그녀는 다소 최근에 장애인연합&위원회에 합류했다. 지난해 졸업식 연사였던 피닉스와 엘리자베스가 장애인연합&위원회 온라인 졸업 행사에서 만났을 때, 나는 우리 조직이 완전체가 된 느낌을 받았다(교직원 회원인 애너벨 푸셀리어 역시 졸업식 연사였는데, 우리는 공동체 전체가 연사가 되기를 바란다).

　최근에 나는 손상, 차이, 장애 사이의 불분명한 경계에 대해 많은 생각을 하게 되었다. 나는 새로 얻은 케모브레인에 익숙해졌고 손상에 적응했다. 기억력과 시간 감각, 적합한 단어를 떠올리는 경험이 모두 달라졌다. 예전에 나는 아침에 잠이 깨면 눈을 뜨기도 전에 그날이 무슨 날인지, 그날 달력에 무슨 일정이 적혀 있는지 알던 사람이었다. 하지만 다 지난 일이 되었다. 이제 나는 스마트폰을 찾아본다. 큰 문제는 아니다. 물론 한동안은 문제였지만. 나는 전부는 아니지만 매우 자주 회의 일정을 잊어버린다. 그래서 좋은 사람들을 주변에 두는 것이 중요하다. 엘리자베스는 함께 참석하기로 예정된 회의가 있을 때 나에게 문자메시지를 보내 준다(반대의 경우도 마찬가지다). 그러면 우리는 둘 다 있어야 할 곳에 있게 된다.[34] 이 문제를 푸는 데 너무 오랜 시간이 걸렸다(장애인연합&위원회의 또 다른 ADHD 회원인 리즈가 알려 주었다). 이와 달리 아이들을 데려다주고 데려오는 일이나 학교에 강의하러 가는 일 등 주중에 정

기적으로 해야 하는 일에는 모두 알람을 설정해 놓는다. 손상
(기능상의 작은 차이)은, 있어도 문제가 되지 않거나 문제가 계속
되지 않게 조치할 수 있다.

그런가 하면 평생을 괴롭게 따라다니는 손상도 있다. 나는
이명에 완전히 적응할 날이 오리라고는 기대하지 않는다. 다
른 사람은 아무도 못 듣는, 내 안에서 계속되는 고음의 비명.
하지만 이 문제에 관해서도 나는 공동체에서 소소한 기쁨을
얻는다. 내가 제일 좋아하는 밈은 레딧Reddit*의 ADHD 커뮤니
티인 r/ADHD에서 본 어느 포스팅인데, 세 사람이 쭈그리고
앉아 개 한 마리를 쓰다듬고 있는 사진이다.[35] 사람 앞에는 각
각 '이명 있는 사람들', 'ADHD 있는 사람들', '자폐 있는 사람
들'이라는 라벨이 붙어 있고, 그들이 쓰다듬고 있는 골든리트
리버에는 '개들'이라는 라벨이 붙어 있다. 세 사람과 개 이미지
위에 원을 그려 벤다이어그램을 만든다면 교집합 영역이 될
가운데 부분에는 "세상은 다른 사람들이 들을 수 없는 고음으
로 가득 차 있다"는 문구가 적혀 있다. 우리는 경험을 공유할
수 있다. 물론 그것은 똑같지 않을 수도 있고, 때로는 그걸로
함께 웃을 수도 있다.

---

* 미국의 소셜 뉴스 웹사이트로, 커뮤니티 성격도 있다.

5장 신경다양인 저항 운동

6장

접근성 높은

미래로

불확실한 미래에 맞서려면
불확실성과 함께 살아가는 능력을 갖춰야 한다.
이 말은 장애를 가진 상태로 살아가는
'고도의 예술'을 배워야 한다는 뜻이다.

미래에는 모두가 장애인이다

  기술미래주의자들은 미래 유토피아에는 장애가 없을 거라
고 믿고 싶어 한다. 그러나 완전한 인간, 생명 연장, 재생 의학,
신경 이식, 인간과 기계의 결합 등 우생학적이고 기술 의존적
인 상상에도 불구하고, 미래에는 장애가 줄어들기보다 늘어날
것이다. 장애인이 되는 경로가 더 다양해질 것이고, 장애를 가
진 채 살아가는 사람도 더 늘어날 것이다. **미래에는 모두가 장애
인이다.** 이 말은 '장애 가시화 프로젝트'*의 슬로건이며, 리아

---

* 장애인의 삶을 충실히 반영하고 다양한 경험을 세상에 전파하기 위해 2007년에 앨리
스 웡이 창설한 장애인 커뮤니티.

락슈미 피엡즈나-사마라신하의 시집 제목이기도 하다. 이 문장은 정치적으로 해석할 수 있는데, 실제로도 정치적 맥락에서 탄생한 말이다. 한편으로는 문자 그대로 해석할 수도 있다. 내가 미래에는 모두가 장애인이라고 말한 것은, 상상할 수 있는 모든 요소를 고려하여 진술한 하나의 사실이다.

미래에는 개개인이 장애인이다. 오래 살다 보면 결국에는 누구라도 장애를 겪게 될 것이라는 말은 이미 흔한 이야기다. 다시 말해, 장애는 인간의 삶에서 지극히 정상적이고 예측 가능한 한 부분이다. 다만 나이가 들어서 장애를 얻은 사람과 우리처럼 젊어서 그 상태에 이르렀거나 장애를 가지고 태어난 사람은 사회적으로 중요한 차이가 있다. 우리는 한정적인 서비스, 지원금, 돌봄을 받으려고 종종 서로 대립하기도 하고, 저마다 다른 사회적 편견과 기대를 경험한다. 그러나 좋든 싫든 간에 우리는 모두 더 커다란 장애 공동체의 일원이다. 나이 든 사람들은 이것을 인정하고 싶어 하지 않는 경향이 있다. 그들은 장애라는 범주와 거리를 두고 싶어 한다. 때로는 장애를 가진 젊은이들도 나이 든 사람들과 한 범주로 묶이는 것에 발끈하며 진실을 보려 하지 않는다. 하지만 우리는 모두 같은 처지다.

이 책에서 이야기한 다른 유형의 장애와 마찬가지로 노화로 인한 장애 역시 정중하게 다루고 포용적으로 생각해야 한다. 나이와 함께 딸려 오는 장애에 관한 우스개는 그만두어야 한다. 성인용 기저귀, 보청기, 정형외과용 신발, 이동 보조기 같은 것들은 젊은 사람들도 사용하는 장애 보조기술이고, 나이 들어감을 나타내기에 알맞은 상징물도 아니다. 우리는 지금 장애인이 되거나 미래에 장애인이 될 것에 대비해 더 나은 계획을 세워야 한다. 그리고 사람들이 나이 들어서도 변함없이 지낼 수 있는 공간을 설계할 필요가 있는데, 이때 젊은이들의 삶도 반영해야 한다. 코로나19를 겪어 나가는 현시대에는 특히 더 그렇다. 코로나19가 장기적으로 다양한 방면에 영향을 미치면서 젊은 사람들을 전례 없이 무력하게 만들고 있기 때문이다(코로나19를 앓은 사람 중 8~25%가 그러한 것으로 추산된다). 모든 사람이 장애인인 미래가 다가오고 있다. 이 문제를 잘 해결하려면 모든 유형과 연령대의 장애인을 위한 포용적이고 접근성 높은 환경을 조성해야 한다.

미래에는 전 인류가 장애인이다. 하나의 종種으로서 인류는 환경 재앙, 환경 오염, 기후 변화에 직면해 있다. 인종차별적 환경 보호 정책은 고속도로, 송유관, 쓰레기 매립지 같은 유해 시설을 어디에 설치할지 결정하는 데 영향을 미치고, 이것은 이미 인류의 건강에 불평등하게 해를 입히고 있는데, 기후 변화로 인해 살기 좋은 지역이 더욱 줄어들고 있으니 이런 피해는 앞으로 더 심해질 것이다. 오염은 천식, 화학물질 민감증, 자가면역장애 같은 환경성 질환과 장애를 늘리고, 여러 종류의 암 발생률을 높일 뿐 아니라 발병 나이마저 낮춘다. 이런 피해 중 일부는 공기 오염과 스모그 때문에 생기기도 한다. 2021년(그리고 2024년에도), 몇 주 동안 계속된 산불로 유독한 연기를 들이마신 미국 서부 해안 지역 사람들을 생각해 보라. 이런 식의 환경성 위해 요소는 계속해서 늘고 있다. 물론 우리는 환경 보건상의 위험 요소를 없애기 위한 캠페인을 성공적으로 이끈 경험이 있다. 납에 노출되면 어떤 피해가 생기는지(정신 장애와 납 중독으로 이어진다) 우리의 지식과 관찰 결과로 밝힘으로써, 석유화학제품과 페인트 등에 쓰이는 물질을 규제하는 정책을 만들었다. 오염과 환경 파괴는 노력하면 줄일 수 있다. 하지만 이미 일어난 일 때문에 발생한 장애를 우리는 오랫동안 다루어야 할 것이다.

미래에는 지구 자체가 장애를 입는다. 동물운동가이자 장애운동가인 수나우라 테일러는 우리가 이미 파괴한 풍경을 다루는 장애생태학disabled ecologies에 관해 열정적으로 글을 쓰고 있다. 그녀는 애리조나 남부 투손에 있는 수퍼펀드* 부지를 연구했는데, 그 지역의 오염된 지하수는 40년이 지난 지금도 인근 토지와 공동체에 영향을 미치고 있다. 그녀는 우리 땅, 우리 환경을 그냥 없앨 수는 없다는 점을 상기시킨다. 앞으로 우리는 우

---

* 공해 방지 사업을 위한 대규모 기금.

리가 장애를 일으킨 세상에서 살아가는 법을 배워야 한다. 수나우라 테일러는 인간이 어떻게 장애 입은 생태계와 더불어 존재하고, 살아가고, 나이 들어갈 것인지에 대한 중요한 통찰을 장애인들이 가지고 있다고 생각한다.

나는 블랙스버그에 있는 버지니아공과대학교 근처, 내가 사는 곳에서 이 책을 쓰고 있다. 이곳은 전통적으로 투텔로 부족과 모나칸 부족이 살던 땅이다.[36] 소 방목지와 숲이 있는 전원 지역인 블랙스버그는 애팔래치아트레일[**]과 뉴리버[***]에서 가깝다. 그러나 나는 마운틴밸리 파이프라인MVP[****]이 건설되고 있는 곳에서 불과 10마일(약 16km)도 안 되는 곳에 산다. 수년간 사람들은 MVP 건설을 막으려고 무던히도 애썼지만, 결국 거대한 장비들이 들어왔고 농장은 파괴되었으며 지역민들은 매수되고 쫓겨났다. 환경운동가들과 거주민들이 침식, 누수, 폭발 위험과 그에 따른 비용 등을 계속해서 지적했는데도 소용없었다. 우리 지역에는 유명한 '나무 지킴이tree sitter'들이 있는데, 그들은 한 번에 수백 일씩 나무에 머무르면서 건설 속도를 늦추거나 막는 활동을 한다. 나에게는 나무 지킴이들에

[**] 미국 동부의 등줄기에 해당하는 애팔래치아산맥을 종주하는 코스로 3,500여 km에 달한다.

[***] 뉴리버 협곡 국립공원과 보호구역.

[****] 애팔래치아 지역 천연가스를 미국 남동부와 멕시코만으로 연결하는 핵심 파이프라인.

게 물품을 공급하고 노래를 불러 주고 그들을 찾아가 응원하는 열정적인 친구들이 있다. (나도 가고 싶지만, 친구들은 그곳이 내가 오가기에 얼마나 힘든 지형인지 솔직하게 말해 주었다. 가파른 경사는 힘들다.) 내 친구이자 동료이며 애팔래치아를 연구하는 에밀리 새터화이트는 건설 장비에 자기 몸을 스스로 결박했다. 나는 그 소식을 의회 도서관에서 들었다. '화성 탈식민지화' 언콘퍼런스*에 참석하려고 의회 도서관에 있을 때였다(이 얘기는 뒤에서 다시 하겠다). 또 나는 추진제, 폭발물, 무기 계통과 대포를 제조하는 래드포드육군탄약공장으로 가는 길에서 불과 12분 거리에 산다. 그 공장은 일부 폐기물을 야외에서 소각했는데, 그렇게 방출된 물질은 버지니아주 최대의 오염원이 되었다.[37] 블랙스버그 인근 시골과 도시 생활의 평온함은 균열이 일어나기를 기다리는 껍데기다. 그 껍데기가 깨지면 탐욕스러운 개발자들과 군국주의적 관료들 때문에 보이지 않게 중독되어 가는 우리의 실상이 드러날 것이다.

변화하는 날씨 패턴과 자연재해로 인해, 미래에는 모두가 장애인이다. 특정 지역과 기업을 통제하더라도 다가오는 기후 재앙은

---

* 참석자 지향적인 회의 방식의 하나. 기존 콘퍼런스는 참가 비용이 많이 들고, 참석자의 발언 기회는 적으며, 후원자의 입김에 휘둘릴 염려가 있는 데다가, 상의하달 방식으로 판에 박히고 비효율적이라는 비판이 있어, 이를 극복해 보자는 의미로 시도하는 새로운 회의 기법이다.

결국 우리 모두에게 영향을 미칠 것이다. 기후 변화는 날씨 변화를 불러오고, 우리는 더 많은 자연재해와 그 트라우마로 인한 장애를 마주하게 될 것이다. 기후 변화는 이미 진드기와 모기를 매개로 한 질병을 일으키고 있다. 이런 질병은 점점 더 증가할 것이고, 우리는 질병 패턴과 발생 지역이 변화하는 것을 보게 될 것이다. 그 변화는 종종 중요한 치료를 받을 수 없거나 공중보건 제도나 장비를 효과적으로 갖추지 못한 지역으로 향하게 된다. 기후 변화로 원래 살던 서식지에서 쫓겨난 동물들이 더 많은 사람과 접촉하게 되면서 동물-사람 간 감염 가능성이 커짐에 따라 새로운 질병이 출현할 것이고, 이런 질병 중 일부는 장기적으로 예측하지 못한 흔적을 남길 것이다.

새로 출현하는 질병으로 인해, 미래에는 모두가 장애인이다. 다른 바이러스 감염 후 질환들처럼, 코로나19 장기후유증은 진단하기 어렵고 치료하기도 어려운 질환을 유발할 수 있다(장애 공동체, 특히 예전에 만성피로증후군으로 불린 근육통성뇌척수염과 기립성 빈맥증후군에 걸린 사람들은 2020년 중반부터 이에 관한 이야기를 해 왔다). 이미 우리는 코로나19 감염 후 혈관, 신경, 폐, 심장 관련 장애의 장기적이고 맹렬한 공격을 받고 있다. 우리는 소아마비를 단순히 고열과 경직을 동반하는 짧고 가벼운 감염증으로 기억하는 것이 아니라, 그것이 유발한 장기적 장애(호흡 보조 장치, 마비)로 기억한다. 바이러스는 기묘해서, 초기의 가벼운 감염으로는 예상하지 못한 방식으로 우리에게 장기적인 변화를 일으킨다. 새로운 돌연변이 바이러스가 생기면 새로운 형태의 장애가 생긴다. 실제로 장애 활동가들은 코로나19를 대규모 장애 사건이라 불러 왔다.[38]

　미래에는 우주적으로 모두가 장애인이다. 우주를 여행하고 탐험을 떠나는 희망적인 미래에도 장애는 발생할 것이다. 이미 인간은 우주에서 무능력하다. 지구에 구축된 기존 환경이 장애를 입은 신체에는 맞지 않듯이, 우주라는 환경은 **그 어떤** 인간의 신체에도 적합하지 않다. 모든 우주인은 지구 밖의 낮은 중력 때문에 뼈와 눈에 손상을 입고 돌아오는데, 지구에서 멀어져 있는 기간이 길수록 손상은 심해진다. 어떤 손상은 시간이 지나면 회복되기도 하지만 오래 계속되는 변화도 있다. 미래학자들이 기술에 관해 쓴 글에는 이런 현실이 빠져 있다. 그들은 우주여행이 불러올 장애가 마법처럼 사라지기라도 할 듯이 쓴다.

　'장애의 종식'을 이야기하는 기술미래주의자들의 논의가 어리석은 이유가 바로 이것이다. 장애는 종식되는 것이 아니다. 미래에 우리는 새로운 유형의 장애를 더 많이 목격하게 될 것이다. 질병과 장애를 치료하려고 애쓰는 모든 의학 프로젝트가 가망이 없다는 말이 아니다. 나는 천식이나 라임병 같은 질환의 진단법과 치료법이 개선되기를 진심으로 바란다. 그러나 장애는 다면적이고, 어떤 사례 하나로 밝힐 수 있는 범주가 아닙니다. **장애에 관한 경험적 지식이 없고 장애 공동체와 연대한 적도 없는 비장애인이, 장애와 장애인의 미래에 관하여 주장하거나 결정을 내려서는 안 된다.** 우리는 타인의 장애를 좀 더 너그럽게 생각하고, 누구나(지금 장애가 없더라도) 결국에는 장애인이 될 거라는 사실을 받아들이고, 비장애중심주의를 근절하는 법을 배우면서, 모두가 장애인이 될 미래를 준비할 필요가 있다. 이것이 모두에게 더 나은 미래를 만들어 가는 길이다.

미래에는 모두가 장애인인 만큼, 장애도 장애인도 없는 미래를 향해 계획하고 나아간다는 것은 **터무니없는 전망**이다.

이렇듯 모두가 장애인인 미래를 어떻게 준비할 것인가?

1979년, (당시 50대였고 지금은 90대 중후반인) 도덕철학자 알래스데어 매킨타이어는 생명윤리학 논의 중에서 내가 제일 좋아하는 글을 발표했다. "미래를 위한 일곱 가지 자질"이라고 불리는 이 글은 그해 《헤이스팅스센터 보고서》[39] 중 "우리의 후손을 설계하다"라는 특별 호로 출판되었다. 매킨타이어는 우리 아이들에게 심어 주어야 할 일곱 가지 자질에 관해 이야기하고는 그 말을 곧바로 뒤집는다. 우리가 가치 있게 생각하는 그 어떤 특성이라도, 그 가치 자체가 우리 후손을 변화시킬 수는 없기 때문이다. 정말 멋진 철학적 접근이다! 하지만 나는 여기서 그가 논한 첫 번째 자질을 짚고 넘어가고자 한다. 바로 불확실성과 함께 살아가는 능력으로, 이건 정말로 우리가 후손에게 준비시켰으면 하는 것이다. 매킨타이어는 다음과 같이 말한다.

> 무어라고 명시할 수 없을 정도로 미래는 불확실하다. 이 불확실성은 미래를 대비해 갖추어야 할 자질을 설계하려는 모든 프로젝트에 당장 어려운 문제를 제기한다. 그 어떤 자질도 그것이 널리 인정받는 환경, 인간의 반응을 조직해 가는 방향, 그 자질을 발휘해 과제를 수행하는 데 필요한 자원을 조달하는 환경을 고려하지 않고는 좋거나 나쁘다고 판단할 수 없기 때문이다. 그러니 환경을 예측할 수 없다면, 바람직한 자질을 선별하는 일에 시작부터 문제가 생기는 것이다.

나는 환경, 반응, 과제를 "고려하지 않고는 어떤 자질도 좋거나 나쁘다고 판단할 수 없다"는 말을 좋아한다. 매킨타이어가 의도한 것은 아니겠지만, 나는 이 말에서 장애의 사회적 모델과 장애 기술 자체를 떠올린다. 그는 다음과 같은 말로 글을 마무리한다. "만일 우리가 후손을 설계하는 프로젝트에 성공했고, 후손들은 그 프로젝트를 거부할 것으로 결론 내린다면, 프로젝트에 아예 착수하지 않는 편이 분명 더 나을 것이다." 우리는 예측할 수 없는 것을 제대로 설계할 수 없다. 그러나 우리는 (철학자보다 표현력이 풍부한 시인 리아 락슈미 피엡즈나-사마라신하의 말을 빌려) "모두가 해낼 수 있도록" 공공 기반 시설과 돌봄 제도에 투자함으로써 접근성 높은 세상을 설계할 수 있고, 더 많은 사람이 번영하는 미래를 불러올 수 있다.

SF 작가 어슐러 K. 르귄도 《어둠의 왼손》(최용준 옮김, 시공사, 2014)에서 알 수 없는 미래를 이야기한다. 르귄은 이상한 세계의 이방인이자 우리의 주인공인 겐리와 그곳 공동체의 예언자 겸 직공인 팍세 사이의 대화를 들려준다.

> 숲속에서 팍세가 부드러운 목소리로 말했다. "미지의 것, 예견되지 않은 것, 증명되지 않은 것, 삶은 그런 것 위에 서 있지요. 무지는 생각의 근간입니다. 입증되지 않은 것은 행동의 기반입니다. 신이 없다고 증명된다면 종교란 존재하지 않을 것입니다. 한다라도, 요메시도, 화로신들도, 아무것도 없을 겁니다. 하지만 또 신이 있다고 증명된다 해도 종교는 없을 것입니다. …… 말해 보십시오, 겐리, 우리는 무엇을 알고 있습니까? 무엇이 확실하고, 무엇을 예측할 수 없고, 무엇을 피할 수 없습니까? 당신과 나의 미래에 대해 당신이 알고 있는 가장 확실한 것은 무엇입니까?"
>
> "모두 죽는다는 것이죠."
>
> "그렇지요. 그게 우리가 대답할 수 있는 유일한 질문입니다, 겐리,

6장 접근성 높은 미래로

우리는 이미 그 답을 알고 있어요. …… 삶을 가능케 하는 단 한 가
지는 영원하고 참을 수 없는 불확실성입니다. 다음에 무슨 일이 일
어날지 모른다는 것이죠."

나는 화학요법과 절단 수술을 받은 첫해, 그리고 정말이지
끔찍했던 두 차례의 재발을 겪은 기간을 포함해 암 치료를 받
는 동안 거의 내내 이 대목을 생각했다.[40] 모든 것이 내 통제 범
위를 벗어난 것 같았다. 내가 안다고 생각했던 미래는 사라졌
고, 불확실해졌으며, 따라서 미래를 계획하거나 준비할 수도
없었다. 나와 같은 진단을 받으면 일상적인 것들, 삶을 꾸려 가
는 작은 행위마저도 손안에서 빠져나간다. 적응하고 인정하기
전에 겪는 그 과도기는 너무나 힘들다.

진단을 받은 그때, 나는 이제 막 사회생활을 시작한 평범한
서른 살이었다. 학업 면에서 모두가 부러워하는 박사학위를
땄고, 두 아이를 키우며 행복한 결혼 생활을 하고 있었다. 심지
어 아이들이 어릴 때 더 많은 시간을 함께할 수 있게 반일 근무
만 하면서 모두가 바라는 '워라밸'까지 누리고 있었다. 내가 치
료를 받던 그해에 아이들은 세 살과 다섯 살이 되었는데, 입원
해 있는 동안 아이들과 함께하는 시간을 너무 많이 놓쳤다.[41]
그대로 내가 죽는다면, 다정하고 똑똑하고 씩씩한 세 살 아이
에게 엄마에 대한 기억이 하나도 안 남을까 봐, 또 다섯 살 아

이의 기억 속에 어릴 적 좋았던 시간은 모두 잊히고 당시의 나쁜 상황만 남게 될까 봐, 나는 걱정했다. 그리고 내 암은 주로 소아에게 발생하는 암이어서, 나와 같은 혹독한 치료를 받는 다른 사람들은 대부분 아이들이라고 들었다.[42] 나는 참을 수 없는 불확실성을 조금 안다. 지금도 나는 병원에서 정밀 검사를 받는 3개월마다 그 불확실성의 조각과 마주하는데, 그것은 초조하게 검사 결과를 기다릴 때면 언제나 반복되는 트라우마다. (내 암은 두 번 재발했다.) 나를 비극적 인물로 그리려고 하는 얘기가 아니다. 그 불확실성은 진짜 별로지만, 많은 사람이 비슷한 경험을 한다. 그리고 나는 그해 내내 가족과 친구들의 도움을 많이 받았다.[43]

나는 운 좋게도 아이들이 원래 지내던 곳에서 일상을 유지할 수 있을 만큼 적절한 도움을 받았다. 암 치료 그룹에서 알게 된 사람들 가운데는 일시적으로 양육권을 잃거나 그다지 믿을 만하지 않은 타인에게 양육을 의존해야 하는 경우가 있었다. 어떤 사람들은 병원에 데려다주고, 함께 있어 주고, 처방을 가져다주고, 진료 확인서 등의 서류를 처리해 줄 수 있는 가족이나 친구들이 별로 없었다. 나의 경우는 모든 것이 더할 나위 없이 좋았다. 말하자면, 상황이 끔찍하긴 했어도 주변의 지원이 부족해서 그런 건 아니었다. 끔찍했던 이유는 화학요법이 고약했기 때문이다. 내 입은 염증으로 가득했다. (그때 시작된 회색 반점이 색이 약간 바랜 채 입안과 입술에 아직도 남아 있다.) 나는 치료 도중 한 달을 입에 효모균이 감염된 채 지내야 했는데, 내 몸에는 그 문제를 해결할 면역 체계가 없었다. 또 이명이 요란했다. 화학요법에 쓴 한 가지 약 때문에 손바닥과 발바닥이 붓고 따끔거렸다. 이런 일이 치료 회차마다 반복적으로 일어났다. (여덟 번 중) 네 번째 회차 때, 항암제 하나를 투여하자 며칠 동안 오한이 일었고, 물잔을 떨어뜨리지 않고 잡고 있을 수가 없었다. 보행보조기를 잡은 손이 너무 떨리는 바람에 병원에서 두 번 넘어졌다. 두 번째로 넘어졌을 때 나는 내가 맨 처음 어쩌다가 넘어졌는지를 설명했다. 그 이후로 나는 혼자 화장실에 가는 것을 금지당해서 호출 버튼을 누르고 기다려야만 했는데, 계속 수액을 맞고 있다 보니 기다리는 게 더 힘들었다.

누구에게나 미래는 불확실하지만, 장애는 더욱 그렇게 느끼도록 만든다. 장애가 상황을 더욱 불확실하게 만든다는 것이 아니라, 전에는 당연하게 예상했던 영원한 건강과 안전이라는 미래가 사실은 하나의 환상이었음을 깨닫게 된다는 얘기다. 물론 인간의 삶에는 장애 말고도 불확실성에 초점을 두도록 하는 다른 경험이 있을 것이다. 가령 강제 이주나 자연재해를 비롯한 온갖 종류의 위기 말이다. 단지 나에게는 그것이 장애였을 뿐이다.

암이라는 세계와 정기적으로 정밀 검사를 받는 삶이 아니더라도, 장애인들은 불확실성을 잘 알고 있다. 갑작스럽게 발발한 자가면역질환과 다양한 증상, 리프트가 달린 당신의 밴에 너무 가까이 주차된 차량을 발견한 순간, 계획이 중단되어 당신을 좌절하게 하는 상황, 갑자기 온몸이 가려워 그 자리를 떠나야 하는 상황, 보청기 배터리가 방전된 상황, 엘리베이터가 고장 나서 당신이 참석하기로 한 행사가 당신 없이 진행되는 상황, 비상시에 당신이 어떻게 대피하면 되는지 아무도 계획을 세우지 않았다는 사실(사람들은 실제로 당신을 위한 계획을 하나도 준비하지 않았다) 등등.

불확실한 미래에 맞서려면 불확실성과 함께 살아가는 능력을 갖춰야 한다. 이 말은 장애를 가진 상태로 살아가는 '고도의 예술'을 배워야 한다는 뜻이다. 이런 일에는 장애인들이 전문이다. 그러니 전문가의 의견을 귀담아듣는 게 좋을 것이다. 경험에서 나온 그 이야기들은 기술의 미래에 많은 통찰을 준다.

- 장애인은 우리를 위해 만들어지지 않은 세상, 우리를 적극적으로 밀어내는 경우가 다반사인 세상을 탐색하는 데 전문이다.
- 장애인은 계획에 없는 일을 다룬다는 게 어떤 것인지, 그리고 우리를 위한 계획이 없다는 게 어떤 것인지 안다.
- 장애인은 유지보수, 수리, 보존 체계를 안다. 우리는 가격을 낮추기 위해 '시장'에 의존하는 게 불가능함을 안다. 실제로 우리

가 사용하는 것 대부분에서 그런 일은 한 번도 일어난 적이 없다. (사람들이 바라는 기술, 약, 치료법 같은) 좋은 것을 개발하더라도 당사자들이 그것을 이용할 수 없다면 아무 소용이 없다.

· 장애 공동체는 돌봄 활동에 대해, 불리한 여건에서 서로를 돌보는 방법에 대해 잘 안다. 그리고 우리는 불가능한 돌봄, 협상 가능한 돌봄, 제한적인 돌봄의 비용과 결과를 안다.

· 장애인은 우리를 제거하려는 시도를 당하면서도, 트라우마와 슬픔 속에서도, 계속 존재하고 살아간다는 게 어떤 것인지 안다.

불확실성과 불평등을 이해하는 것은 장애인만이 아니다. 다른 그룹도 불확실성을 깊이 이해하고 있으며, 장애인은 다양한 정체성이 교차하는 모든 지점에서 생겨난다. 나는 아프로퓨처리즘Afrofuturism*과 이 시대 토착민들이 들려주는 미래 이야기에 종종 감동하는데, 그 이야기들은 우리가 지금 이곳에서 어떻게 살아야 하는지를 말해 준다.

우리 미래의 불확실성과, 그럼에도 불구하고 희망과 목표를 가지고 미래로 나아가는 것의 중요성을 모두 붙잡으려 노력하는 장애인 예술가-활동가 단체 중에 신즈인밸리드가 있다. 샌프란시스코에서 장애인 공연 단체로 출범해 장애정의운동을

---

* 아프리카를 뜻하는 접두어 Afro-와 미래주의를 뜻하는 futurism의 조어로, 아프리카의 전통문화와 가치관이 첨단 과학기술과 만나 새로운 미래를 상상하는 예술 경향.

이끌고 있는 신즈인밸리드에는 패티 번(공동 설립자, 이사, 예술 감독), 르로이 무어 주니어(크립합네이션 공동 설립자), 리아 락슈미 피엡즈나-사마라신하, 노미 람, 일라이 클레어, 사이리 자렐 존슨, 라티프 맥레오드, 스테이시 밀번, 로라 허시, 그밖에 장애정의와 예술에 관련된 많은 유명 인사들이 소속되어 활동해 왔다. 그들은 장애를 가진 유색인, 트랜스젠더, 퀴어 등 지역사회에서 소외된 구성원들의 경험을 중심에 둔 다양한 공연과 쇼를 무대에 올렸다. 그들은 2021년에 올린 공연 〈우리는 따개비처럼 사랑한다: 기후 혼돈 시대를 사는 불구〉를 다음과 같이 소개했다.

> 팬데믹 시대에 사랑, 애도, 지역사회 치유를 위한 공간을 지켜 나가는 신즈인밸리드는, 기후 혼돈 속에서 고통받는 우리 공동체와 신음하는 지구를 중심으로 한 공연을 선보입니다. 폭풍우가 해안을 덮치고 성난 불길이 우리 보금자리를 위협하는 가운데, 장애를 가진 유색인, 퀴어, 트랜스젠더가 직면한 사회적, 정치적, 경제적 격차는 우리 공동체를 생태적 재난의 최전선으로 내몰았습니다. 팬데믹은 우리 사회의 억압적 시스템에 여전히 존재하는 불평등과 불의를 여실히 드러냈습니다. 지금과 같은 기후 혼돈의 시대야말로 그 어느 때보다 장애인의 지혜에 귀 기울여야 할 때입니다. 무대에서 진실을 말하는 이 공연에 우리와 함께해 주세요.

신즈인밸리드는 공연 외에 교육 자료 배포와 강연 활동도 한다. 우리의 현재 환경에 맞게 고안된 철학과 운동으로서 장애정의를 다룬 기초 자료도 그중 하나다. 장애정의운동에는 다음과 같은 열 가지 원칙이 있다. 교차성*, 가장 크게 영향(억압) 받는 사람들의 리더십**, 반자본주의적 정치***, 운동 간 연대, 온전함 인식, 지속 가능성, 장애 간 연대, 상호 의존, 집단적 접근, 집단적 해방.[44] 이 모두는 점점 장애가 많아지는 지구에서 살아가기 위해 공동체가 일하는 방식이다.

장애와 미래에 관하여 신즈인밸리드와 다른 방식으로 공명하는 예술적 움직임도 있다. 농인과 장애인이 이끄는 문학 저널 《농인 시인의 사회The Deaf Poets Society》는 2017년 특별 호 #우주의장애인#CripsInSpace에서 우리에게 꿈을 꾸자고 권했다. 앨리스 웡과 샘 드리브가 객원 편집한 그 특별 호는 드리브의 동영상과 함께 발표되었다. 동영상에는 휠체어 사용자인 그들이 주방 조리대와 벽을 밀어서 원하는 곳으로 가는 모습이 담겨

---

* 한 사람의 사회적 정체성에는 성별, 피부색, 성적 지향성, 계급, 장애, 나이, 종교 등 다양한 억압이 교차적으로 작용하므로 이를 복합적으로 고려해야 한다는 이론.

** 비장애중심주의의 부정적인 영향을 가장 크게 받는 사람들에게 리더십을 발휘할 기회와 권한을 줘야 한다는 생각. 예컨대 같은 장애인이어도 백인 남성보다 흑인 여성이 사회적 억압을 더 크게 받는다.

*** 자본주의는 사회가 기대하는 노동력, 생산성에 미치지 못하는 사람들을 소외시킨다. 이렇게 소외된 사람들은 빈곤을 겪을 수밖에 없는데, 장애정의는 이러한 제도적 빈곤에 반대한다.

있는데, 그런 행위에 숙달함으로써 그들이 공간에 얼마나 특별하게 적응했는지 보여 준다. 그들은 또 어린이 대부분이 우주비행사를 꿈꿀 수 있지만, 장애인들은 어린 나이에도 대체로 더 적은 선택지만 받게 된다고 지적했다. 그래서 그들은 우리에게 예술을 꿈꾸고, 쓰고, 만들라고 권한다. 그 특별 호에는 어떻게 하면 사람들이 우주로 가는 데 더 적합해지는지 생각해 보는 단편소설, 산문, 시가 실려 있다. 마를리나 셰르톡은 다음과 같이 썼다.

> NASA 기준에 내가 너무 작지 않다면
> 나는 화성에 갈 텐데요.
> 작은 사람들은 로켓에 더 태울 수 있다고
> 그 사람들에게 말해 줄 텐데요.
> 뼈 손상에 대해서라면 염려하지 마세요,
> 나는 열세 살에 관절염에 걸렸으니까요.
> 스무 살에는 할머니처럼 걸었어요.
> 둥둥 떠다니면서 내 뼈를 쉬게 하는 것도
> 괜찮을 거예요.[45]

또 다른 사람들도 장애인의 우주여행과 장애가 있는 미래를 생각했다. 맹인 언어학자이자 밴조 연주자이고 내 페이스북

6장 접근성 높은 미래로

친구인 셰리 웰스-젠슨은 2018년, 대중 과학 잡지 《사이언티픽 아메리칸》에 "장애인 우주비행사를 위한 변론"을 실었다. 그녀는 완전히 앞을 보지 못하는 우주비행사 한 명이 탑승한다면 얼마나 유용할지 설명했다. 우주복이 촉각 정보를 전달할 수 있게끔 지금보다 잘 설계되어야 하겠지만, 눈으로 보지 않는 우주인은 빛이 희미하거나 완전히 꺼진 상황 또는 연기로 시야 확보가 어려운 상황에 영향받지 않을 테니, 그런 비상 상황에도 지장 없이 대응할 수 있을 것이다. 웰스-젠슨은 조명 장치가 고장 난 상황에서 소화기를 찾을 수 없었던 러시아의 미르Mir 우주 정거장 문제를 언급했다.

2018년에 의회 도서관에서 불확실한 우주의 미래에 관하여 두 차례 토론회가 열렸다. 첫 번째는 (앞에서 잠깐 언급한) 화성 탈식민지화 '언콘퍼런스'였고, 몇 개월 뒤에 행성 간 이동에 대한 일련의 토론과 공연이 열렸다. (나중에 비영리 단체 저스트스페이스 얼라이언스를 설립한) 천문학자 루시앵 발코비츠가 조직한 이 행사에서는 (톰 울프의 소설 제목을 빌리자면) '올바른 것'*에 집중하는 서사가 우주에 갈 사람을 뽑고, 꿈꾸고, 계획하는 일에 어떤 문제를 일으키는지, 다양한 관점의 논의가 오갔다. '올바르다'고 여겨지는 '것'은 대개 특권층의, 남성적인, 주류 문

---

* 국내에는 동명 소설을 영화화한 〈필사의 도전〉이라는 영화로 알려져 있다.

화권의, **극도로** 강건한 신체다(우주비행사가 되기 위한 엄격한 신체 '적합성' 요건들이 있다). 우주에 갈 사람을 모집하는 일에는 언제나 특정한 신체를 다른 신체보다 더 우월하게 여기는 관행이 있으나, 이것은 실제로 우주에서는 무엇이 최선일 것인가와 전혀 상관이 없다. 화성 탈식민지화 행사에서 우리는 작은 토론 그룹으로 둘러앉아 있었는데, 그때 나는 키가 작고 허벅지가 굵은 여성들이 전투기 조종사처럼 매우 높은 중력가속도에도 의식을 잃지 않고 견디는 데 더 유리하다는 것을 배웠다. 그런 사람들은 뇌가 심장에서 더 가까운 만큼 추가 혈류가 의식을 유지하는 데 도움이 되고, 큰 엉덩이와 허벅지가 어느 정도 충격을 흡수할 수 있는 것으로 보인다. 하지만 일반적으로 '최고의' 전투기 조종사는 영화 〈탑건〉에서 아이스맨 역을 맡은 발 킬머 같은 모습이다.

나는 '갤러뎃 일레븐'을 관련 사례로 제시했다. 갤러뎃 일레븐은 1950년대와 1960년대에 NASA가 멀미 연구를 하려고 갤러뎃대학교[**]에서 모집한 열한 명의 농인 남성을 가리키는 말이다. 태어날 때부터 청각장애가 있는 사람들은 멀미가 나지 않는데, NASA는 어떻게 하면 청인 우주비행사도 멀미를 피할 수 있을지 알고 싶었고, 이에 따라 연구에 참여한 열한 명의 농

[**] 청각장애인 교육을 위해 설립한 대학교로, 교육 과정에서 영어와 미국 수어를 모두 사용한다.

인은 우주비행사 훈련과 다양한 시험을 거쳤다. 하지만 그 농인 남성들은 멀미를 하지 않는 능력에도 불구하고 우주비행사 후보로 고려되지 않았다.

토론회에 참석한 다른 사람들은 이미 많은 해를 끼치고 있는 우주에 관한 수사적 표현들이 이야기 구조를 영속화하는 방식에 관해 집중적으로 이야기했다. 그들이 지적했듯이 미개척지, 행성과 영토에 대한 권리, 다른 행성의 자원 채굴과 추출, 식민지화 등의 용어를 계속 쓰는 것은 우리가 우주를 상상하는 방식을 제한한다. 이것은 우주를 단지 식민지와 자본주의의 연장선으로 규정하는 방식이며 우주, 소유, 땅에 관한 이런 생각은 지구에 심각한 장애를 입히는 사고방식이다. 또, 흑인 천체물리학자들이 자신들의 분야(그들은 사랑하지만, 그들을 사랑하지는 않는 분야)에서 맞닥뜨리는 인종차별을 이야기할 때,[46] 우리는 이런 주제에 대한 의미 있는 목소리와 당사자들이 얼마나 자주 배제되는지 논의했다.

셰리 웰스-젠슨은 우주 공간에 있는 느낌이 어떤지 알고 싶어서 무중력 포물선 비행을 했다. 그녀는 몇몇 사람들과 함께 장애인 우주비행사를 위한 자신의 변론을 세상에 공개하고 관련 기관에 보내서, 비영리 단체 아스트로액세스가 기획한 첫 번째 비행에 참여하게 되었다. 아스트로액세스의 목표는 장애인들이 우주 탐험에 참여할 수 있도록 기회를 넓히는 것이다.

그들은 2021년에 열두 명의 장애인 '대사들'을 태우고 첫 비행을 했으며, 2022년 말에 또다시 날아올랐다. 장애인 무중력 비행은 나에게 커다란 뉴스였다. 2007년 스티븐 호킹의 무중력 비행 소식이 그랬던 것처럼 말이다. 하지만 내 경우는 장애 전문 뉴스를 구독하고 있어서 이 소식을 접했지만, 아스트로액세스의 비행은 대중의 관심을 별로 못 받았다.

사실, 장애인이 우주에 간다는 것은 대단한 성공이다. 스페이스X의 민간인 승무원 헤일리 아르세노는 어린 시절 소아암을 앓아서 다리에 체내 보철 무릎(가짜 뼈)이 있다. 내가 속한 소아암 그룹 사람들은 아르세노의 궤도 비행을 함께 축하했다. 유럽우주국도 '신체 장애가 있는 우주비행사' 모집 프로그램을 발표했는데, 이것은 키가 작은 사람들(기존의 키 기준에 못 미치는 사람들과 소인들)과 하지 '결함'이 있는 사람들(무릎 아래 절단인들, 발에 선천적 기형 같은 문제가 있는 사람들, 발목이나 발을 다친 사람들)에 대한 예비 타당성 조사를 위한 모집이었다. 솔직히 나는 그들을 참여시키는 것이 왜 타당하지 않을 수도 있다고 가정하는지 모르겠다. 여기, 한 절단인이 상상해 본다, 걷는 것만이 주된 이동 방식이 아닌 그런 환경을!

우리가 이야기하는 우주 비행, 우주 정거장, 우주 탐사 여행이 어떤 식일지, 확실한 건 **아무것도** 없다. 어떤 기술이 필요할지 우리는 모른다. (이것은 지구에서도 마찬가지인데, 그래도 표면에서 벗어난 것을 상상하는 편이 좀 더 쉽다.) 그리고 항공기, 우주선, 정거장 등 필요한 모든 우주 인프라는 사람이 만드는 것이다. (현재의 기술로도 분명 장애인 접근성이 더 좋은 일반 비행기를 만들 수 있다. 그러나 현재의 비행기는 장애인을, 특히 휠체어 사용자를 전혀 고려하지 않은 구조로 우리를 배척한다.) 우리는 이미 구축된 무언가에 새로운 부품만 달아서 개조한 상태가 대체로 형편없다는 것을 안다. 나중에 고치려 들지 말고, 지금 모두를 포용할 수 있는 방식으로 만드는 것이 어떨까? 마지막으로, 우리는 지금껏 자라온 것과 전혀 다른 환경에 들어갈 텐데, 그렇다면 우주 비행사가 꼭 비장애인일 필요는 없다. 다시 한번 말하지만, 우주에서 우리는 **모두** 장애인이다. 환경이 우리에게 꼭 맞는다고 느끼는 것은 모두 지구에서의 일이고, 개개인의 역량 역시 지구에서나 그렇다. 장애인들이 지구에서 가지게 된 약점이 우주에서도 똑같이 약점이 되지는 않을 것이다. 특히 앞으로 계획하고 건설해 나갈 우주에서는 그런 약점들을 다시 만들지 않도록 우리가 노력한다면 더욱 그럴 것이다.

　나의 장애인 친구들은 우리가 우주에 딱 맞아들어갈 방법, 즉 우리를 위한 우주를 상상한다. 우리가 우주에서 우리 몸을 더 편안하게 느끼는 이유, 우주 비행이나 여행에 우리 몸이 더 우월한 이유를 우리는 여러 가지로 제시할 수 있다. 이 분야에는 내 친구 맬러리가 가장 독창적인데, 그녀의 몸은 우주에서 똥을 누는 데 아주 적합하다. 여러분이 아는지 모르겠지만, 우주에서 똥을 누는 것은 물리적으로나 공학적으로나 몹시 어려운 일이다. 우주비행사들은 특수한 변기를 사용하는 훈련을 받아야 하고(각 우주국에는 대규모 변기공학 팀이 있다), 그런 변기는 몹시 복잡한 기술이 필요하고 고장도 자주 난다. 맬러리는 우주에서 똥을 누는 일이 너무 복잡하니, NASA가 우주인을 모집할 때는 장루(인공 항문)가 있는 사람들만 뽑아야 한다고 제안했다. 장루가 있는 사람들은 복부에 작은 구멍을 내고 장루주머니를 사용해서 배설물을 배출하는데, 현재 우주 변기에 적용되는 그 모든 공학 기술이 필요한 이유는 단지 우주비행사 중에 아무도 장루가 없기 때문이다![47]

이런 일에 유리한 일부 유형의 장애를 가진 사람들을 어째서 적극적으로 모집하지 않는지 모르겠다. 셰리 웰스-젠슨은 시각장애인이 승무원으로 있을 때 유리한 점을 제시했고, #우주의장애인에서 샘 드리브는 우주에서 이동할 때 수동 휠체어 사용자들이 유리한 점을 이야기했다. 갤러뎃 일레븐은 바로 그런 우월함을 검토하고 연구한 사례다![48] 나는 한시적으로 한 동료의 수업을 진행한 일이 있는데, 장애학에 국한되지 않고 화성에 대하여 계획을 세워 보는 가벼운 내용의 수업이었다. 그 수업은, 일종의 정신질환을 경험한 적 있는 사람들이 화성에서 자신은 물론 타인을 위해서 이바지할 수 있지 않을까, 하

6장 접근성 높은 미래로

는 논의로 마무리되었다. 화성 거주민들이 우주에서 감정적, 생리적 대응을 잘하고 있는지 모니터하는 데는 어떤 면에서 정신질환을 경험해 본 사람들이 더 적합할 수 있다는 이야기였다. 또 우리가 태양에서 더 먼 곳으로 여행하게 되면 햇빛이 줄어들어서 생기는 우울증이 큰 문제가 될 수도 있는데, 그런 사람들은 계절성 우울증 같은 질환을 관리하는 방법을 내놓는 데도 도움이 될 수 있다. 지구의 기울어진 자전축이 지구 최북단과 최남단 지역 사람들의 정신 건강에 어떤 영향을 미치는지를, 즉 자살률과 우울증 발생률이 더 높다는 것을 우리는 이미 알고 있다. 그러니 우주여행을 계획할 때도 이 문제를 고려해야 한다.

우리는 기술낙관주의를 경계해야 한다. 기술낙관주의에 기댄 기술 발전 방향과 마케팅은 장애가 나쁜 것이므로 제거해야 한다고 느끼게 만든다. 흔히 장애 전문가로 알려진 사람들은 대부분 비장애인이고, 그들은 차별의 대상이 된다는 게 어떤 것인지 모른다. 사용자의 필요와 상황은 고려하지 않은 채 기술 개발자의 관점에서 일방적으로 설계된 것을 그냥 쓰라고 강요당하는 난처함을 그들은 모른다. 미래를 상상할 때 가차 없이 지워지는 대상, 일상의 선택과 행동과 존재 자체를 일일이 조사받는 대상이 된다는 것이 어떤 것인지 모른다. 그러므로 우리는 아무도 배제하지 않는 미래를 만들기 위한 전문 지식과 창조적 비전을 범장애 공동체들에서 찾아야 한다. 장애인의 경험에서 우러난 통찰과 의견을 경청하는 것은 기본이며, 무엇이 '올바른 것'인지에 관한 고정관념을 깨고, (장애든 피부색이든 성별이든 성적 지향성이든) 그 무엇도 잘못된 것은 없다고 목소리를 높여야 한다. 그리하여 더 많은 존재와 존재 방식이 환대받는 세상을 만들어야 한다. 우리는 모든 것을 적극적으로 예상하고, 장애 입은 생태계에 이미 발생한 피해를 완화하고, 우리 지구가 일부 또는 모든 사람에게 더욱 살기 어려운 곳이 되지 않도록 막을 계획을 세워야 한다.

다른 사람 관점에서 이야기를 듣는 것은 불확실한 미래를 준비하는 기본자세다. 그리고 이 세상이 어떻게 될지, 어떻게 달라질지 상상하는 데도 기초가 된다. 그런 이야기는 우리가 미래를 구상하는 방식에 큰 충격을 줄 것이다.

나는 아이들이 초등학교에 다닐 때, 학교에 가서 여러 가지 활동을 했다. 그중 하나는 내 아이들이 있는 교실에서 매주 책을 읽어 주는 것이었다. 나는 장애가 핵심 주제인 어린이 문학을 가져가기도 했고, 그냥 재미있는 책을 가져가기도 했다.[49] 학교에 갈 때는 대개 보철 다리를 착용하고 지팡이(때로는 목발)를 가지고 갔으며, 보청기도 착용했다. 나는 역사적이거나 허구적인 여러 인물이 나오는 이야기를 아이들과 나누는 게

6장 접근성 높은 미래로

정말 좋다. 아이들은 차이에 관해 어른보다 훨씬 더 유연하고 훌륭한 질문을 던진다. 어른들이 주류 문화에서 나온 장애 이야기를 통해 길들어 온 동정심, 수치심, 염려 같은 것이 아이들에게는 없다. (때로 아이들은 내가 아플까 봐 걱정하는데) 내가 아프지 않다고 말하자마자 우리의 대화는 방향이 바뀌고 나는 그냥 평범한 엄마가 된다. 오히려 내 보철 다리를 근사하게 여긴 아이가 있긴 했지만 말이다. 나는 '뒤에도 눈이 달려' 있게 내 의족에 눈을 붙여놓곤 하는데, 때때로 내가 책을 읽고 있을 때 그 눈을 슬쩍 떼는 아이들도 있다(딱히 큰 손실은 아니다, 대량 구매했으니까).

하루는 수업할 교실에 가려고 학교 복도를 걷고 있었다. 나는 언제나 사람들 시선을 느끼고 사람들은 ('로봇'이라거나 '와우' 같은 말을 속닥거리면서) 고개를 돌리곤 한다. 이날은 아이들이 단체로 복도에 줄을 서서 반대 방향으로 이동하고 있었다. 내가 지나갈 때, 나는 내 어린 친구 중 하나가 자기 학급 전체에게 큰 소리로 말하는 걸 들었다. 그 아이는 나를 보고 웅성거리는 아이들의 반응에 짜증을 내며, "저분은 그냥 애너벨 엄마야!" 하고 소리쳤다. 그 복도에 있는 내 존재와 모습에 전혀 당황하지 않은 태도였다. 우리 모두 그 아이처럼 그렇게 화통할 수 있다면 얼마나 좋을까.

감사의 말

이 책에는 내 아이들과 남편에 관한 내용이 별로 없다. 물론 그들과 관련 있는 이야기도 일부 있지만, 아직은 아이들이 자기 이야기를 써도 되는지 제대로 판단하고 허락할 만큼 자라지 않았기 때문이다. 그러나 그들의 사랑과 지원이 없었다면 나는 이 책을 쓰지 못했을 것이다. 애너벨, 제퍼, 랜디, 고마워.

나는 2015년부터 이 책을 썼다. 이 말은 내가 지난 8년 동안 기술낙관주의에 관해 계속 생각해 왔고, 그 생각이 계속 변신하고 변화했다는 뜻이다. 그리고 8년이라는 기간 중 대부분은 이 짧은(것 같은) 책을 **쓰지 않고** 있었고, 다른 글쓰기와 강의, 보조금 지원서 작성, 두 번의 암 재발, 수많은 진료 예약, 아이들과의 장난 등, 살면서 해야 하는 일을 하는 데 정신이 팔려 있었다는 뜻이다. 내가 연구와 글쓰기를 향해 나아갈 수 있도록 길을 열어 준 많은 친구, 가족, 편집자, 그리고 노턴쇼츠 Norton Shorts 시리즈에 나를 끼워 주고, W. W. 노턴&컴퍼니 100주년 행사에 나를 초대해 준 노턴 팀에 감사드린다. 이 시리즈에 참여하게 되어 큰 영광이다. 앨런, 사샤, 모, 고마워요.

각 장을 먼저 읽어 준 프리랜서 편집자이자 동료 히스 슬레지, 글쓰기에 대한 자신감과 동료애를 심어 준 글쓰기 전문가이자 친구 모니크 듀포에게 크나큰 고마움을 전한다. 나는 글을 쓰려면 동료들의 압박이 많이 필요한데, 그 임무를 충실히 해 준 내 오랜 글쓰기 동료 코라 올슨, 크리스타 밀러, 에드 기트르와 다른 동지들에게 감사한다. 우리의 야단법석 덕분에 이 작업을 계속할 수 있었다. 사전 독자로서 유용한 피드백을 제시해 준 메건 슈와 레베카 웹에게도 감사를 표한다.

나는 의학 역사 블로그 너싱 클리오 Nursing Clio 덕분에 처음으로 좀 더 대중적인 글을 쓰고 싶다는 생각을 하게 됐다. 다 로라 앤슬리 덕분이다. 이후 대중을 위한 글쓰기 워크숍에서 데이비드 페리로부터 훌륭한 조언을 얻었다. 3장에서 다룬 수사적 표현에 관한 내용은 《인클루딩 디스어빌리티》라는 저널에 2022년에 발표한 "이야기를 오해하는 법"을 다시 쓴 것이다. 이 원고를 청탁해 준 스테파니 코크, 론 파드론, 사라 올슨에게 감사한다.

보조금 지원서 작성을 도와준 버지니아공과대학교의 톰 유잉, 캐런 로베르토, 얀시 크로퍼드에게 큰 빚을 졌다. 그들의 격려 덕분에 2017년 국립과학재단의 커리어 보조금을 신청하여 기술, 서사, 장애 연구를 지원받았다. 이 책은 그 연구 결과물 중 하나다. 이제 나는, **이 책에 제시된 의견은 국립과학재단의 의견이 아닙니다**, 하고 말해야 할 의무가 생겼다. 이 보조금과 관련된 많은 연구 보조원들과 기술과 장애 강의를 수강한 학생들에게 감사드린다.

가까운 동료들과 학생들에게 특별한 감사를 전한다. 특히 한나 허드겐, 딜런 위트코워, 로버트 로젠버거, 크리스털 리, 엘런 새뮤얼스, 에밀리 애커먼, 조슈아 얼, 데이미언 P. 윌리엄스, 마토트 게브레셀라스-지, 마나시 상카르, 앨리스 폭스, 잭 레프, 크리스틴 쿠프먼, 림 어니, 마르티나 스비아네크, 리즈 스핑골라, 아드리안 라이딩스, 한나 제인 업슨, 어맨다 레크너, 다니엘라 페레이라, 이들을 통해 정말로 많은 것을 배웠다. 버지니아공과대학교의 장애인연합&위원회가 없었다면 나는 캠퍼스에 존재할 수 없었을 것이다. 애너벨 푸셀리어, 리디아 퀄스, 피닉스 필리스, 에밀리 번스, 엘리자베스 맥레인, 그 밖에 미처 이름을 말하지 못한 많은 사람에게 감사한다!

고마운 사람이 너무 많지만, 우리 지역 뉴리버밸리 장애인지원센터를 통해 함께한 이사회와 직원들에게 늘 고맙다. 또 장

감사의 말

애 관련 블로그, 개인 블로그, 장애 관련 X, 비판적 장애 연구 페이스북, 그리고 아주 개인적으로는 온라인상의 암 및 절단 장애인 그룹 등을 통해 널리 퍼져 있는 활기차고 다양한 지역 공동체에 고마움을 느낀다. 대부분 온라인에서 만나는 이 친구들은 언제나 내 삶의 중요한 일부분이다. 특히, 우리가 뜻밖의 순간에 병실에서 항암치료를 받으며 이야기를 나눌 때, 외부인은 공감하기 어려운 일을 함께 겪을 때 서로에게 크나큰 힘이 된다.

미주

1 이 문구가 프린트된 셔츠는 여기서 살 수 있다: http://www.teepublic.com/t-shirt/5201256-make-it-accessible?store_id=18557/.

2 나는 이 아이디어를 애시 그레이, 자이프리트 비르디, 빌 피스, 사이보그 질리언 와이즈의 글에서, 그리고 다른 많은 사람의 대화에서 확인한 경험이 있다.

3 장애학자 미셸 나리오-레드몬드는 저서 《비장애중심주의: 장애 편견의 원인과 결과》에서, '비장애중심주의'라는 말의 기원이 미국과 영국의 장애권리운동에서 비롯했으며, "성차별주의나 인종차별주의와 맥락이 비슷하다"고 설명한다. 나리오-레드몬드는 비장애중심주의에는 세 가지 요소가 있다고 설명한다. 바로 정서적 감정이나 태도, 일상적 행동과 관행, 인지적 신념과 고정관념이다. 이 책에 관한 자세한 정보는 여기서 볼 수 있다: https://ableismbook.com/.

4 루이스는 비장애중심주의를 정의하는 작업을 자신의 블로그에 계속해서 업데이트하고 있다. http://www.talilalewis.com/blog/january-2021-working-definition-of-ableism/

5 맬러리와 나는 친구 베서니 스티븐스와 함께 기술 장비로 무장한 몸의 구현에 대한 글을 《카탈리스트》에 발표했다. 베서니는 절단인은 아니지만 여러 종류의 이동 장비를 사용한다. https://catalystjournal.org/index.php/catalyst/article/view/29617

6 이것은 거의 모든 국가에서 그렇다(미국에서는 2022년 공공요금 규정에도 반영되었다). 특히 증명 문서가 더 많고 더 명백한 장애가 있는(시민권을 신청할 때 장애 상태를 숨길 수 없는) 사람들에게는 영주권과 시민권을 받는 데 실질적인 장벽이 있다. 사실, 이것은 난민 정착에 커다란 문제가 되고 있다. 난민을 수용할 의지가 있는 국가에서도 장애인의 이민은 허용되지 않을 때가 많기 때문이다. 장애인의 이민이 거의 불가능하다는 사실이 뉴스가 되는 일은 흔치 않지만, 2016년에 캐나다가 다운증후군이 있는 아들을 둔 가족을 거부했을 때는 뉴스가 되었다. https://www.cbc.ca/news/canada/toronto/down-syndrome-immigration-1.3492810/

7 이 슬로건은 최근에 "여러분의 역할(role)을 요구하세요"로 바뀌었는데, 우리 지역 장애 단체는 이것을 캠퍼스 접근성 캠페인에 응용했다. 바로 "여러분의 구름(roll)을 요구하세요"로 풍자해 좀 더 완만하고 접근성 높은 길을 만들어 달라고 요구하는 캠페인을 벌인 것이다.

8 마리사 레이브-네리가 2015년에 쓴 "자연의 모든 것은 곡선과 원형이다: 북아메리카 토착민의 장애 개념" 참조. https://lewiscar.sites.grinnell.edu/HistoryofMedicine/uncategorized/everything-in-nature-goes-in-curves-and-circles-native-american-concepts-of-disability/

9 이것은 단순히 역사 속에서만 그런 것이 아니라, 최근의 연구와 보고서에도 장애를 가진 공동체 구성원을 과거와 비슷한 방식으로 수용하고 사회적으로 포용하는 내용이 반영되어 있다. 라코타 토착민과의 최근 인터뷰 자료는 릴라 모튼 펭그라와 조이젤 깅웨이 고드프리가 쓴 "서로 다른 경계, 서로 다른 장벽: 장애학과 라코타 문화" 참조. https://dsq-sds.org/article/view/291/331/

10 시미 린턴, 그녀 인생에 관한 다큐멘터리 〈춤으로의 초대〉(2014)에서. 이 다큐멘터리에 관한 정보는 여기서 볼 수 있다: https://www.imdb.com/title/tt1776210/.

11 #CriptheVote 해시태그의 crip 사용에 대한 정보는 여기서 볼 수 있다: https://cripthevote.blogspot.com/search?q=why+we+use+cripthevote.

12 리지 프레서는 다음과 같이 약간 다른, 좀 더 최신 통계를 제공했다. "당뇨병 치료가 과학적으로 상당히 진전했음에도 불구하고, 2009~2015년 사이 전국 절단 수술 비율은 50% 증가했다. 당뇨병 환자들은 매년 13만 건의 절단 수술을 받는데, 저소득층과 보험 가입이 충분하지 않은 사람들일 경우가 많다. 흑인 환자들은 다른 환자들보다 팔다리를 잃는 비율이 3배 더 높다." https://features.propublica.org/diabetes-amputations/black-american-amputation-epidemic/

13 코로나19 이후 진단 자료에 의하면 코로나19로 인해 더 많은 사람이 당뇨병에 걸릴 것이며, 특히 여러 번 감염된 사람들은 더욱 그러할 것이라고 한다. 다음 두 기사를 참조하라. https://wexnermedical.osu.edu/blog/why-are-people-developing-diabetes-after-having-covid19 그리고 https://www.nature.com/articles/d41586-022-00912-y

14 2019년, 나는 너싱 클리오(Nursing Clio)라는 블로그에 이런 식의 상호작용에 관해 기고했다. https://nursingclio.org/2019/04/23/stop-depicting-technology-as-redeeming-disabled-people/

15 비비안 솝책은 〈다리가 하나, 둘, 셋인 사람을 위한 안무: 움직임을 통한 현상학적 명상("Choreography for One, Two, and Three Legs": A Phenomenological Meditation in Movements)〉이라는 논문을 발표했다. 한 다리로, 보철 다리를 착용하고, 목발을 짚고 춤을 추는 절단인이 되는 경험과 가능성에 관한 내용이다. 나는 우리의 창작 방식이 좋다.

16 혹시 있을 철학 괴짜들을 위해 말하자면, 나는 급진적 경험주의와 진실에 관한 윌리엄 제임스의 사상을 활용하고 있음을 밝힌다. 그리고 나는 사물 지식에 관

한 데이비스 베어드의 연구를 통독했다. 내 이전 작업은 기술 지식에 관한 것이었고, 이런 맥락에서 보철물에 대해 할 말이 너무나 많다! 내 친구이자 영리한 편집자인 히스 슬레지는 제임스를 더 잘 표현했다. "윌리엄 제임스에 빗대 말하자면, 모든 것이 과정이다. 그 순간 우리에게 정말 딱 맞는다고 여기는 것도 항상 변화하고 현실에 맞게 적응한다. 그것은 마치 보철물을 착용한다는 것이 하나의 과정이라는 말과 같다. '그건 정말 내 다리 같다'는 상태에 다다르려고 매번 노력하지만, 그 상태에 완벽히 도달하는 것은 불가능하거나 일시적일 뿐이다."

17 조던과 젠 리 리브스는 《본 저스트 라이트》(2019)라는 회고록을 공동 집필했고, 오래 운영해 온 블로그를 어린이를 위한 창의적 장애 지향 디자인에 헌신하는 비영리 단체 홈페이지로 전환했다. https://www.bornjustright.org/

18 이것은 맬러리 케이 넬슨의 예리한 관찰이며, 맬러리 케이 넬슨, 애슐리 슈, 베서니 스티븐스가 《카탈리스트》에 발표한 "트랜스모빌리티: 사이보그(크립보그) 신체의 가능성"(2019)에서 논의가 확장되었다. https://doi.org/10.28968/cftt.v5i1.29617

19 강조하는 의미의 따옴표는 내가 더한 것이다. 워커의 웹사이트인 '뉴로퀴어' 참조. https://neuroqueer.com/neurodiversity-terms-and-definitions/

20 시험 감독 소프트웨어(프록터유)에 대해 학생들이 느끼는 어려움에 대한 증언은 Futurism.com에서 찾을 수 있다. https://futurism.com/college-students-exam-software-cheating-eye-tracking-covid

21 자폐인은 논바이너리 또는 트렌스젠더일 가능성이 다른 사람보다 더 크다. 그리고 성별 관계없이 사용할 수 있고 접근성 높은 화장실은, 화장실을 이용하려면 보조인의 도움을 받아야 하는 사람들, 특히 보조인의 성별이 장애 당사자와 다른 경우에도 큰 도움이 된다.

22 실제로 장애의 다양한 모델에 관한 이론이 많이 있다. 국제접근성전문가협회에는 인증 시험을 받는 일곱 개의 서로 다른 모델이 있다(내 생각에는 이것 말고도 적어도 세 가지 모델을 추가할 수 있는데, 이 책에서는 다루지 않는 장애학에서 도출된다). 어떤 한 모델이 옳거나 그르다고 할 수는 없다. 각 모델은 누구를 장애인으로 볼 것인지, 어느 지점에서 변화를 만들어 낼 수 있는지, 문제를 찾고 해결하려면 어느 부분을 보아야 하는지, 누구를 장애에 관한 권위자로 보아야 하는지 등을 생각하는 다양한 방법을 제시한다.

23 케네디 가문조차 존 F. 케네디의 여동생 로즈메리를 시설에 수용하고 대뇌 백질 절제술을 시켰다.

24 나는 2020년 초 버지니아공과대학교에서 이 영화의 일부가 진행되는 것을 보았는데, 그 영화에서 스나이더와 미첼이 질문에 답하고 그 이후의 맥락을 설명했다.

25 이 통계는 오티즘스픽스의 2018년 납세 신고서를 참조한 자폐인자조 네트워크의 유인물에서 나온 것이다.

26 《자폐 수용 입문(The ABCs of Autism Acceptance)》(Autonomous Press, 2017), 《아니, 그렇지 않아(No You Don't)》(Unstrange, 2013).

27 성인 자폐인들은 이 목록에 '자폐성 멜트다운'과 '자폐성 번아웃'이라는 용어도 추가하고 싶을 것이다. 자폐인은 섭식 장애와 알코올 중독 발생 빈도가 더 높은데, 이것은 강압적인 환경에서 발생한 요구와 불안에 대처하기 위한 전략일 수 있다.

28 자폐 수사학자 레미 예르조는 자문화기술(연구자 자신의 자기 성찰을 바탕으로 사회 현상을 통찰하는 질적 종족 연구) 방법으로 멋진 논문을 썼다. 마음이론 연구에서 사람들이 자폐인을 어떻게 생각하는지에 관한 내용을 담은 이 연구는 "마음이론은 자폐인의 인간성 자체에 의문을 제기해서 자폐인의 대리권을 부인하며, 그렇게 해서 자폐인의 신체에 폭력을 가하는" 방식을 보여 준다. 현재 심리학과 인지학 연구에서 형성되어 있는 마음이론의 문제와 한계에 대한 더 많은 정보는 레비 예르조의 논문 〈임상적으로 중요한 불안: 마음이론을 이론화하는 이론가들에 관하여〉 참조. https://dsq-sds.org/article/view/3876/3405

29 이 실험뿐 아니라 이후의 실험에서도 파블로프는 개들을 다정하게 대하지 않았다. 그리고 그는 종을 울리지 않았다. 실험에 사용된 것은 종소리보다는 버저에 가까웠다. 하지만 버저와 침의 양을 측정하기 위해 개들에게 행한 볼 외과수술은 가려지고 종소리와 침 흘리기만 신화로 남았다.

30 행동 치료 유형 목록은 이곳에서 볼 수 있다: https://www.healthline.com/health/behavioral-therapy#types/.

31 JRC의 학대에 관한 기록 보관소는 리디아 X. Z. 브라운의 웹사이트에서 찾을 수 있다. https://autistichoya.net/judge-rotenberg-center/

32 헤이나우한나의 작업에 감사하며. https://www.tiktok.com/@heynowhannah

33 2020년 11월, 선택과 도전 – 기술과 장애: 반대 담론. https://candc.sts.vt.edu

34 나는 "우리는 함께 움직인다"라는 말이 자주 떠오른다. 이것은 장애정의에 관한 내용을 다룬 어린이책 제목인데, 내가 좋아하는 책이기도 하다. 《우리는 함께 움직인다(We Move Together)》(AK Press, 2021). 저자는 켈리 프리치, 앤 맥과이어, 에두아르도 트레호스.

35 https://www.reddit.com/r/ADHDmemes/comments/nmo16u/dog/

36 "토지를 잡은 대학들"이라는 기사 참조. https://www.landgrabu.org/ 이 사이트에서는 로버트 리, 트리스탄 아톤, 마거릿 피어스, 칼렌 굿럭, 제프 맥기, 코디 레프, 캐서린 랜퍼, 타린 살리너스가 쓴 《하이컨트리뉴스》의 조사 보고서를 제

공하는데, 이 보고서는 "토착민들의 토지 몰수와 정부로부터 토지를 무상으로 불하받은 대학들의 자금 조달 관계"를 추적했다.

37 《프로퍼블리카》는 이 공장에 관한 특집 기사를 냈다. https://features. propublica.org/military-pollution/military-pollution-open-burns- radford-virginia/

38 이마니 바바린, 앨리스 웡, 그 밖에 소셜미디어를 잘 사용하는 장애 리더들은 2020년 3~4월 무렵부터 분명하게 이런 메시지를 보냈다. 코로나19는 기존의 장애 공동체에 엄청나게 불평등한 피해를 주고 있었다. 장애인들은 코로나19로 죽거나 또 다른 장애를 얻거나 극도의 고립 속에 살아갈 가능성이 더 컸기 때문이다. 또 우리 중 다수는 우리에게 자주 필요한 일상적인 의학 치료를 받을 수 없었다. 병원이 가득 차고 대면 진료가 제한되었기 때문이다. 미국 장애인협회는 2021년, 260쪽에 달하는 보고서를 제출했는데, 팬데믹 첫해에 발생했던 이런 문제 중 일부를 자세히 다루고 있다. https://ncd.gov/sites/ default/files/NCD_COVID-19_Progress_Report_508.pdf

39 헤이스팅스센터는 독립적인 생명윤리연구소로, 장애가 있는 장애학자들을 초청하여 대화를 나누면서 1년간 번영에 관한 시리즈를 계속 진행했다. https:// www.thehastingscenter.org/who-we-are/our-research/current- projects/the-art-of-flourishing-conversations-on-disability-and- technology/

40 나는 또 프랭크 허버트의 〈듄〉에 나오는 베네 게세리트를 지나치게 많이 생각했다. 온라인 플랫폼 미디엄에 쓴 내 글 "생명의 물: 항암과 그 후의 모든 것" 참조. https://medium.com/@ashleyshew/water-of-life-aef9569c62e5/

41 일주일간 하루 24시간 항암제를 투여받으며 지역 병원에 머무르고, 집에 와서 2주간 항암치료로 인한 메스꺼움을 느끼다가, 연이어 2주간 멀리 떨어진 병원에서 얼마나 오래 걸리든지 간에 의사들이 만족할 정도로 충분히 항암제를 제거하는 것이 치료 일정이었다. (그래서 대개 주말은 집에서 보내고 월요일에 검사를 받고 닷새를 병원에서 보내면서, 매번 더 빨리 항암제가 제거되기를 기대했지만 실망하는 일이 잦았고 때로는 시간이 더 걸렸다.) 나는 이 일정을 세 번 반복한 뒤에 다리 수술(그리고 한 번의 보너스 수술)을 받았다. 이후 5주 주기의 이 치료를 다섯 번 더 받았다. 입원 치료를 마치고 나는 병원의 모든 짐과 함께 집으로 옮겨졌다. 병원 물건들을 사방 여기저기 던져두고, 세탁물을 세탁기에 쑤셔 넣고, 가족들은 나를 침대에 눕혔다. 나는 병원에 있는 동안 항암치료로 두들겨 맞는 것 이외에도 밤새도록 진행되는 간호사의 점검과 새벽 5시 채혈, 그 외 사람을 사실상 쉴 수 없게 만드는 병원의 그 모든 자잘한 일들로 완전히 지쳐 있었다.

42 나는 멀리 떨어져 있지만 거의 같은 일을 겪고 있던 다른 젊은 어른들을 거의 매일 생각한다. 함께 이야기를 나누고 친구가 되었던 아이린, 플로렌시아, 어텀

이 여전이 이곳에 있어서 정말 기쁘다. 올리버, 브리타니, 헤더가 있었다면 좋았을 것이다.

43 건설 장비에 몸을 묶었던 그 에밀리 새터화이트는 식사 당번을 조직하고 일정표를 짜서 사람들이 추가로 이야기하지 않고도 일정표에 따라 우리 가족에게 식사를 배달할 수 있도록 했다. 친정 부모님과 시부모님은 모두 세 번의 입원 기간 중 첫 번째 기간에 아이들과 시간을 보냈다. 막내 여동생은 대학교 한 학기를 전부 쉬면서 내 절단 수술과 그에 따른 몇 달의 항암치료 기간 내내 아이들이 차분하고 안정적으로 지낼 수 있게 했다. 남편은 병원에 있는 불편한 간이침대를 견디며 내 옆에서 잠을 잤다. 내가 세 번의 입원 중 두 번을 보낸 병원은 집에서 세 시간 거리에 떨어져 있어서 그가 자주 왔다 갔다 하기가 쉽지 않았다. 우리 학교의 학과장(비즈니스 용어로는 직속 상사)은 걱정하지 말라고 안심시켜 주었고, 내가 종신 재직권을 얻는 데 필요한 서류 업무를 모두 처리해 주었다. 내 동료 짐은 내 수업을 넘겨받았는데, 그 수업은 아이러니하게도 내가 사이보그를 주제로 개발한 것이었고, 나는 바로 그 사이보그가 되어 가고 있었다.

44 최근의 공연, 창조 워크숍, 커리큘럼 등의 블로그와 영상은 신즈인밸리드 웹사이트에서 볼 수 있다. https://www.sinsinvalid.org/

45 마를리나 셰르톡의 "화성 편도 여행" 오디오와 시 전문은 《농인 시인의 사회》 웹사이트에서 볼 수 있다. https://www.deafpoetssociety.com/marlena-chertock-issue-4/

46 찬다 프레스코드-바인스타인의 《장애가 있는 우주: 암흑물질, 시공간, 연기된 꿈으로의 여행(The DisorderCosmos: A Journey into Dark Matter, Spacetime, and Dreams Deferred)》(Bold Type Books, 2021) 참조.

47 사람들은 외상, 장암, 장의 일부가 손상되는 크론병 등 다양한 이유로 장루를 갖게 된다. 장루에 대해 이야기하는 사람은 그리 많지 않지만, 실제로 장루는 그렇게 드물지 않다.

48 그리고 이것은 양방향으로 흐른다. 즉, 일부 장애인은 우주에 더 적합하고, 우주는 일부 장애인에게 더 적합하다. 일종의 만성 통증이 있는 사람들과 (마를리나 셰르톡 같이) 골형성부전증이 있는 사람들은 지구 중력 없이 떠다니면서 이런저런 일을 한다면 자신들 몸에 얼마나 큰 위안이 될 것인지를 이야기한다.

49 B. J. 노바크가 쓴 《그림 없는 책(The Book with No Pictures)》(Rock Pond Books, 2014)은 언제나 끝내주게 재밌는 책이어서 마지막을 위해 남겨 두어야 한다. 그래야 아이들이 아주 흥분해서 나와 그 책을 읽으려 할 것이기 때문이다.

찾아보기

찾아보기

불완전한 그대로 온전하게
고쳐야 할 것은 장애가 아니라 세상이다

1판 1쇄 펴냄 2025년 5월 12일

지은이 | 애슐리 슈
옮긴이 | 정현창

펴낸이 | 박미경
펴낸곳 | 초사흘달
출판신고 | 2018년 8월 3일 제382-2018-000015호
주소 | (11624) 경기도 의정부시 의정로40번길 12, 103-702호
이메일 | 3rdmoonbook@naver.com
네이버블로그, 인스타그램, 페이스북 | @3rdmoonbook

ISBN 979-11-989656-2-2 03400